BusinessVillage

Jens-Uwe Meyer, Henryk Mioskowski

Genial ist kein Zufall

Die Toolbox der erfolgreichsten Ideenentwickler

BusinessVillage

Jens-Uwe Meyer, Henryk Mioskowski
Genial ist kein Zufall
Die Toolbox der erfolgreichsten Ideenentwickler
2. Auflage 2016
© BusinessVillage GmbH, Göttingen

Bestellnummern
ISBN 978-3-86980-193-3 (Druckausgabe)
ISBN 978-3-86980-194-0 (E-Book, PDF)

Direktbezug www.BusinessVillage.de/bl/898

Bezugs- und Verlagsanschrift
BusinessVillage GmbH
Reinhäuser Landstraße 22
37083 Göttingen
Telefon: +49 (0)5 51 20 99–1 00
Fax: +49 (0)5 51 20 99–1 05
E-Mail: info@businessvillage.de
Web: www.businessvillage.de

Layout und Satz
Sabine Kempke

Autorenfotos
die Ideeologen

Illustrationen und Grafiken im Buch
Mike Klar

Druck und Bindung
Westermann Druck Zwickau GmbH

Inhalt

Einleitung:
Goodbye Brainstorming!

Einführung in die systematische Ideenentwicklung

Kennen Sie diesen Satz? »Lasst uns mal brainstormen.« Das ist die Standardantwort, wenn jemand nach neuen Ideen fragt. Sie treffen sich mit Freunden oder Kollegen und lassen unzensiert einfach alles heraus, was in Ihren Köpfen drin ist. Praktisch auf Knopfdruck sprudeln aus den Köpfen geniale Ideen. So zumindest die Theorie. Die Praxis sieht anders aus: Ergebnisse aus Brainstormings sind oft enttäuschend. Statt eines reißenden Ideenflusses kommt ein tröpfelndes Rinnsal an Vorschlägen. Oder die Ideen sprudeln und Sie sind begeistert – aber am nächsten Morgen stellen Sie fest, dass keine brauchbaren Vorschläge dabei sind. Brainstorming ist eher eine Methode, um unterschiedliche Gedanken zusammenzutragen. Zur wirklichen Ideenentwicklung taugt es wenig.

Die meisten großen Ideen und Erfindungen sind anders entwickelt worden: systematisch. Diese Art der Ideenentwicklung folgt einer anderen Philosophie: Statt wild umherzuspinnen, entwickelt man Ideen Schritt für Schritt. Nicht Masse, sondern Klasse steht im Vordergrund. Statt oberflächlich Ideen in jede Richtung zu generieren, legen Sie frühzeitig Suchgebiete fest und entwickeln Ideen in die Tiefe. In diesem Buch werden Sie Methoden kennenlernen, mit denen Sie den Prozess der systematischen Ideenentwicklung steuern können.

Wenn Sie brainstormen, stellen Sie schnell fest, dass ein Großteil der Ideen entweder viel zu nah dran am Bestehenden oder aber weit weg und damit im Reich der Utopie ist. Bei einem Workshop zur Entwicklung von innovativem Fahrzeugzubehör konnten wir das vor einigen Jahren live erleben: Die einen dachten sich Teile aus, die bei Fahrzeugen anderer Hersteller bereits serienmäßig integriert waren, die anderen entwickelten sich selbst ausfahrende Flügel, mit denen das Auto fliegen konnte. Wiederum andere entwickelten Ideen links und rechts des Suchfelds: Ein Auto, das seine Farbe den Emotionen des Fahrers anpasst, oder Ideen für Motorräder. Die naheliegenden Ideen fanden alle die klasse, die ohnehin Angst vor dem Risiko hatten. Das fliegende Auto wurde mit den Worten verteidigt, man müsse doch auch mal weiterdenken. Und alle Ideen links und rechts des Suchfelds galten als Beleg dafür, dass man endlich mal ohne Scheuklappen gedacht hatte. Nur die, die die Ideen nachher umsetzen sollten, waren verzweifelt. Ihre Aufgabe war es, Zubehör zu entwickeln, das sich verkaufen lässt und das in zwei bis drei Jahren Wettbewerbsvorteile auf dem Markt schafft.

Um das schmale Feld des potenziellen Erfolgs zu treffen, müssen Sie anders vorgehen: Sie brauchen eine Methode, mit der Sie den Prozess der Ideenentwicklung in die Richtung steuern können, die Sie benötigen. Nicht jede Idee ist dabei vorhersehbar und planbar, aber das Feld,

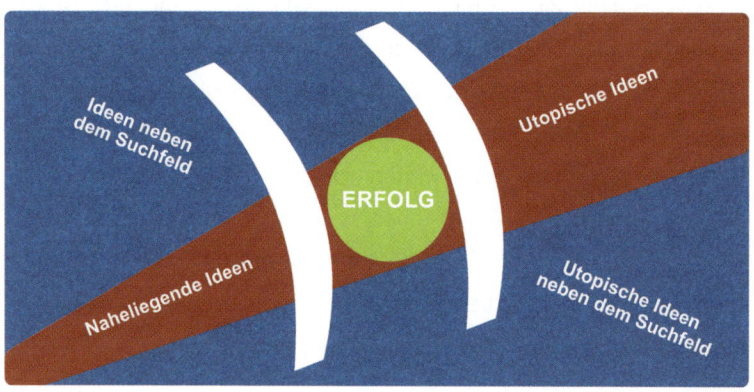

Abbildung 1: Das schmale Feld des potenziellen Erfolgs

in dem diese Ideen liegen, schon. Die Methoden der systematischen Ideenentwicklung helfen den Angsthasen genauso wie denen, die nach dem ganz großen Wurf suchen. Denn Sie bestimmen von vornherein, wo Sie hinwollen: Je besser Sie den Fokus bei der Ideenentwicklung schärfen, desto besser werden die Ideen. Und je tiefer Sie in die kreative Konzeptentwicklung einsteigen, desto fundierter werden die Konzepte.

Das Vorgehen und die Methoden haben wir von einem der größten Genies aller Zeiten abgeleitet: Thomas Edison. Der Erfinder der Glühbirne ist mit über 1.000 patentierten Ideen bis heute einer der kreativsten Menschen der Geschichte. Er hat faszinierende Denktechniken entwickelt und angewendet. Keine seiner Erfindungen, so sagte er, sei zufällig entstanden. Weder der Börsenticker noch der Phonograph (die »Sprechmaschine«), die Glühbirne, die Filmkamera, das erste marktreife Kopiergerät, Akkumulatoren, die Entwicklung von Maschinen, mit denen er Felsbrocken zerkleinern konnte, und Öfen zur Zementherstellung, alle diese Ideen waren kein Zufall. Und keine seiner Ideen wurde zufällig erfolgreich. Thomas Edison hat früh in seiner Karriere erkannt, dass kreative Einfälle alleine nicht genügen. Die Liste verarmter Erfinder, die geniale Ideen hatten, aber erfolglos blieben, ist lang. In diesem Buch lernen Sie das systematische Vorgehen von Edison kennen sowie eine Toolbox, die wir aus seinen Denktechniken abgeleitet und in den letzten Jahren systematisch weiterentwickelt haben. In einem Sechs-Wochen-Programm zeigen wir Ihnen, wie Sie den Prozess der Ideenentwicklung mithilfe der Toolbox gestalten können. Falls Sie in leitender Position tätig sind, stellen wir Ihnen Situationen vor, in denen Sie einzelne Tools als Führungsinstrumente einsetzen können.

Was wir Ihnen nicht versprechen, sind Wunder. Denn die gibt es im Bereich der Ideenentwicklung selten. Wir kennen keine einzige erfolgreiche Idee, die als Wunder entstand. Edison sagte:»Genie ist ein Prozent Inspiration und 99 Prozent Transpiration.« Letztlich heißt das nichts anderes als: Ideen zu entwickeln ist harte Arbeit. Eine Arbeit, die teilweise Spaß macht und erfüllend ist, die aber auch frustrierend und ermüdend sein kann. Gerade in den Phasen des Optimierens und des Nutzens brauchen Sie das, was wir in unseren Prozessen manchmal augenzwinkernd als »Terrier-Gen« bezeichnen: Sich an einer Sache festbeißen und nicht wieder loslassen, bis der Erfolg da ist. All das hat nichts mit einem Wunder zu tun.

Und bitte vergessen Sie auch die Vorstellung des spontanen Geistesblitzes, der glücklicherweise einen Menschen traf, der dann reich und berühmt wurde. Edison drückte es so aus:»Glück ist, was passiert, wenn Gelegenheit auf gute Vorbereitung trifft.« Je intensiver Sie sich mit einem bestimmten Gebiet auseinandersetzen, desto besser werden Ihre Ideen. Es macht Sinn, sich nicht auf das gleiche Wissensniveau zu begeben wie die Fachexperten einer Fachrichtung – denn dann verlieren Sie irgendwann den häufig wertvollen Blick des Außenseiters. Doch ohne fundierte Grundkenntnisse in einem bestimmten Gebiet entwickeln Sie mit viel Aufwand Ideen, die andere schon längst vor Ihnen hatten.

In diesem Buch zeigen wir Ihnen, wie sich Ideen durch eine Mischung aus strategischem Denken, Kreativität, Mut und Durchhaltevermögen entwickeln lassen. Sodass Sie in Zukunft häufiger einmal sagen können: »Was für eine geniale Idee!«

Teil 1:
Die EDISON-Toolbox

Die sechs Schritte der systematischen Ideenentwicklung

Das Edison-Prinzip®, auf dem die Toolbox basiert, grenzt sich bewusst von Techniken aus klassischen Kreativbereichen wie Werbung, Kunst, Musik, Malerei oder Design ab. Es ist keine Methode zur Entwicklung besonders verrückter Ideen, zur Komposition von Musiktiteln oder zur Förderung der Kreativität in der freien Kunst. Das Edison-Prinzip® kombiniert kreatives und strategisches Denken. Die Methode dient dazu,

- Unternehmensziele mithilfe kreativer Techniken besser zu erreichen,
- neue Denkwege für Unternehmen, Abteilungen und Teams zu entwickeln und
- strukturiert an die Entwicklung neuer Produkte, Dienstleistungen, Geschäftsmodelle und Prozesse heranzugehen.

Die Methoden, die hinter dem Edison-Prinzip® stecken, lassen sich auf zwei Arten einsetzen:

- als kreative Tool-Box für die Lösung spezifischer Probleme
- als strukturierter Ansatz zur Entwicklung von Ideen mit hohem Nutz- und damit Erfolgswert

Diese Denktechniken wurden erstmals 2007 im Buch *Das Edison-Prinzip. Der genial einfache Weg zu erfolgreichen Ideen* vorgestellt. Seit dem Erscheinen dieses Buchs haben wir Edisons Denktechniken in mehr als dreihundert Seminaren, Workshops und Ideenentwicklungsprozessen eingesetzt. Dabei haben wir die Methoden verfeinert, immer wieder angepasst und simplifiziert. Sie haben neue, einprägsamere Namen bekommen. Auch die verschiedenen Phasen des Ideenentwicklungsprozesses haben wir überarbeitet. Dieses Buch ist sozusagen das Edison-Prinzip® 2.0: Eine überarbeitete Anleitung zur systematischen Ideenentwicklung. Dieses Buch stellt Ihnen die Denktechniken von Thomas Edison vor und zeigt Ihnen, wie Sie geniale Ideen entwickeln und zum Erfolg führen können.

1868 machte Thomas Edison seine erste Erfindung: Ein Gerät, das die Stimmen von Abgeordneten bei Parlamentsabstimmungen automatisch zählte. Kurz vor seinem Tod 1931 züchtete er in Fort Myers Pflanzen, aus denen er Gummi gewann. Dazwischen lagen unzählige andere Ideen, darunter viele, die er nicht einmal zum Patent anmeldete. Was bei all seinen Erfindungen auffällt: Der Erfinder folgte stets der gleichen Systematik: Sechs Schritten, die seinen Erfindungen zugrunde lagen und die Sie nutzen können, um systematisch neue Ideen zu finden und sie zu Konzepten weiterzuentwickeln.

»Ich finde heraus, was die Welt braucht. Und dann erfinde ich es.«[1]

ERKENNEN

Thomas Edison machte sich systematisch auf die Suche nach Schwächen bestehender Produkte, Trends, die die Wirtschaft beherrschten und Problemen anderer Menschen. Darin erkannte er Chancen für die Ideenentwicklung.

»Ich stelle die gleiche Frage auf hundert verschiedene Weisen.«[2]

DEFINIEREN

Edison definierte Probleme anders und entwickelte neue Fragestellungen. Er achtete stets darauf, Probleme und Fragen immer wieder neu und anders zu stellen. Daraus entstanden mehrere Lösungsansätze, die er parallel verfolgte.

INSPIRIEREN

»*Seien Sie immer auf der Suche nach Ideen, die andere erfolgreich genutzt haben. Ihre Idee muss nur in Bezug auf das zu lösende Problem neu sein.*«[3]

Edison ging bei der Ideenentwicklung immer vom Bekannten aus. Warum das Rad neu erfinden, wenn es woanders schon eine Lösung gibt? Sehen, was vorhanden ist, Analogien in anderen Gebieten suchen und dieses Wissen dann übertragen.

SAMMELN

»*Für eine großartige Idee brauchen Sie eines: viele Ideen.*«[4]

Edison hatte eine eigene Denktechnik, um Geistesblitze zu erzeugen: Das kaleidoskopische Denken. Er kombinierte Fragestellungen mit den von ihm gefundenen Inspirationen und kam so zielgerichtet auf viele neue Ideen.

OPTIMIEREN

»*Wir kennen jetzt tausend Wege, wie man keine Glühbirne baut.*«[5]

Edison gab nicht auf. Er entwickelte seine Konzepte bis zur Perfektion. Immer wieder neu. Scheitern war für ihn keine Blamage, sondern nur ein notwendiger Schritt auf dem Weg zum Erfolg.

NUTZEN

»*Ich habe mehr Respekt vor jemandem mit nur einer Idee, der sie umsetzt, als vor dem mit tausend Ideen, der nichts tut.*«[6]

Edison entwickelte das Umfeld für seine Ideen gleich mit und war ein Meister der Ideenvermarktung.

Die sechs Schritte des Edison-Prinzips bauen logisch aufeinander auf, was der Kern seines Erfolges war: Keine Kreativtechnik der Welt kann Ihnen neue Ideen bringen, wenn Sie die richtigen Chancen nicht sehen oder das Problem immer von der gleichen Seite angehen. Und keine Idee kann erfolgreich sein, wenn sie nicht genauso kreativ umgesetzt und dem Umfeld angepasst wird, für das sie gedacht ist.

Das Edison-Prinzip® ist keine schnelle Kreativitätstechnik, bei der Sie nur einmal auf den Knopf drücken müssen, damit Ideen sprudeln. Stellenweise ist systematische Ideenentwicklung sogar sehr anstrengend. Die Ideen, die am Ende dabei herauskommen, sind jedoch die, die Sie erfolgreich umsetzen können. Sie. Nicht irgendjemand anders. Denn die gleiche Idee, die für jemand anderen gut ist, kann für Sie schlecht sein. Und umgekehrt. Am Ende geht es darum, dass Sie, Ihr Team oder Ihr Unternehmen erfolgreiche Ideen entwickeln. Dazu ist das Edison-Prinzip® die richtige Methode. Es ist nicht die einzige. Dieses Buch erhebt nicht den Anspruch, die einzige Wahrheit zu verkünden. Doch wir haben die Methoden in jahrelanger Arbeit immer und immer wieder eingesetzt. Und dabei festgestellt: Sie funktionieren. Ideen lassen sich systematisch generieren. Und der Prozess der Ideenentwicklung lässt sich steuern. Genial ist kein Zufall.

Teil 1:
Die EDISON-Toolbox

Schritt 1:
Erkennen – Suchfelder mit dem größten Erfolgspotenzial identifizieren

»Was sich nicht verkauft, möchte ich nicht erfinden.« [7]

Im ersten Schritt gehen Sie auf die Suche nach konkreten Chancenfeldern. Anders gesagt: Sie suchen, wonach Sie suchen. Klingt verwirrend? Denken Sie wie Thomas Edison! Die wichtigste Frage für ihn war zu Beginn nicht, *Wie* man eine Glühbirne erfindet. Sondern: *Warum* überhaupt am elektrischen Licht arbeiten? In der gleichen Zeit hätte Edison an einem Tauchsieder arbeiten können, einen elektrischen Zaun für die Landwirtschaft entwickeln oder den ersten elektrischen Rasenmäher erfinden können. Warum Zeit, Energie und Kreativität verschwenden, um die Möglichkeiten des elektrischen Lichts näher zu erkunden?

Edison hatte sein Suchfeld sorgfältig ausgewählt. Er hatte das Verhalten von Menschen genau studiert, die Schwächen des bestehenden Gaslichts untersucht und überlegt, wie sich der neue Trend der Elektrifizierung in den kommenden Jahren auswirken wird. Er arbeitete nicht am elektrischen Licht, weil er einen kurzen Geistesblitz hatte, sondern weil er lange nach dem Suchfeld gesucht hatte. Und so erkannte er Chancen, für die andere blind waren.

»Die meisten Menschen verpassen Chancen.« [8]

Das ist das Ziel des ersten Schrittes:
- Erkennen, welche ungelösten Probleme Menschen haben. Indem Sie systematisch auf die Suche nach ungelösten Problemen gehen, schaffen Sie die Grundlage für die Suche nach wirklich erfolgreichen Ideen – anstatt solche zu entwickeln, von denen Menschen sagen: »Was soll ich damit anfangen?«

- Erkennen, welche Schwächen bestehende Lösungen haben. Sobald Sie über ein Problem nachdenken, sagt Ihnen garantiert jemand: »Da gibt es schon was.« Statt frustriert aufzugeben, untersuchen Sie das, was bereits existiert, analysieren die Schwächen dieser Lösungen und entwickeln so Ideen, die besser als das Bestehende sind.
- Erkennen, welche Trends die Zukunft prägen. Heute haben Sie eine Idee, morgen gehen Sie an die Umsetzung, aber erst übermorgen wird Ihre Idee erfolgreich sein. Übermorgen hat sich die Welt aber schon wieder verändert: Es gibt neue Technologien, Werte haben sich verschoben und potenzielle Mitbewerber von Ihnen schlafen auch nicht. Sie erfahren, wie Sie Ideen mit dem Weitblick entwickeln können, der sie zukunftsfähig macht.

Und schließlich ist das Ziel: Zu erkennen, in welchen Suchfeldern die größten Potenziale für erfolgreiche neue Ideen liegen. Bei der systematischen Ideenentwicklung wählen Sie nicht am Ende die vermeintlich beste Idee aus, sondern entscheiden zwischendurch immer wieder, welche Wege Sie weiter verfolgen und welche nicht. In diesem Kapitel lernen Sie verschiedene Methoden kennen, um systematisch Erfolgschancen zu erkennen. Die Methoden können Sie einzeln oder in Kombination miteinander verwenden.

Der Kopfstand

Stellen Sie Ihre Problemstellungen auf den Kopf

Negativ zu denken fällt uns leichter, als positiv zu denken. Diese menschliche Eigenschaft macht sich der Kopfstand zunutze. Sie drehen eine Fragestellung ins Negative um, entwickeln Lösungsansätze und formulieren diese wieder positiv. Ein schneller Einstieg in den Kreativprozess.

Einsatzbeispiele

- Schneller, einfacher Einstieg in ein Kreativmeeting oder einen Workshop
- Aufbrechen von Denkblockaden in kürzester Zeit
- Suche nach Ansatzpunkten zur Optimierung von Produkten, Geschäftsmodellen oder Prozessen

Komplexität	Aufwand für Vorbereitung	Output
hoch	hoch	Qualität
niedrig	gering	Quantität

Einführung

Sie suchen nach neuen Ideen, finden aber keinen Einstieg in den kreativen Prozess. Sie suchen nach einer Methode, die Sie schnell und einfach anwenden können. Eine Art »Fünf-Minuten-Terrine« der Ideenfindung. Hier hilft der Kopfstand. Entwickeln Sie Ideen für das, wonach Sie *nicht* suchen. Wenn Sie an der Entwicklung neuer Dienstleistungen arbeiten, fragen Sie nicht: »Wie kann ich meine Kunden begeistern?« Sondern: »Wie kann ich mit meiner Dienstleistung Kunden nachhaltig abschrecken?« Sie werden feststellen, dass diese Umkehrung den Gedankenknoten platzen lässt. Anstatt zu grübeln und zu versuchen, immer wieder über die gleiche Fragestellung nachzudenken, brechen Sie aus: Indem Sie die Frage umdrehen, wechseln Sie die Perspektive und generieren zunächst scheinbar verrückte Ideen. Wenn Sie diese »verrückten« Ideen dann aber wieder ins Positive drehen, entstehen völlig neue Ansätze, die Ihnen bei der ursprünglichen Fragestellung verborgen geblieben wären.

Der Kopfstand funktioniert, weil es einfacher ist, über das nachzudenken, was *nicht* geht und *nicht* funktioniert, als über das, was funktionieren könnte. Die Technik beruht auf einem von verschiedenen kreativen Prinzipien, die Sie in diesem Buch noch kennenlernen werden: Dem Prinzip der kreativen Umkehr. Wenn Sie den Kopfstand häufiger anwenden, werden Sie feststellen, dass sich dieses Umkehrprinzip fest in Ihrem Kopf verankert hat. Sie werden häufiger darüber nachdenken, Dinge einfach mal »auf den Kopf zu stellen« – auch in normalen Lebenssituationen. Doch Achtung! Im Gegensatz zu den komplexeren Techniken in diesem Buch hat der Kopfstand einen Nachteil: Sie entwickeln zwar schnell viele neue Ansätze, aber nicht zwingend die besten. Manchmal finden Sie bereits erste Ideenperlen im Ergebnis. Meistens jedoch müssen Sie die Ideen aus dem Kopfstand weiterentwickeln.

So gehen Sie vor

- Formulieren Sie Ihre Problemstellung so kompakt und präzise wie es am Anfang möglich ist. Sie müssen das Ausgangsproblem noch nicht bis zur Perfektion formuliert haben, dann bräuchten Sie ja den ganzen ersten Schritt nicht. Achten Sie aber darauf, dass Sie nach Möglichkeit nur *ein* Ausgangsproblem formulieren und nicht versuchen, drei bis fünf Fragestellungen in einen Satz zu quetschen.

- Kehren Sie die Problemstellung ins Negative und formulieren Sie eine entsprechende Fragestellung. Achten Sie darauf, dass die Einfachheit des Ausgangsproblems erhalten bleibt, Sie also bei der Umkehr nicht plötzlich zwei bis drei andere Problemstellungen mit aufnehmen.

- Entwickeln Sie zunächst Ideen zur negativen Fragestellung und notieren Sie Ihre Ergebnisse. Formulieren Sie diese Ideen möglichst präzise aus. Weil dieser Schritt häufig einer der unterhaltsamsten ist und viel Spaß macht, neigen Menschen dazu, die Ideen nur als Schlagwort zu notieren und dann zur nächsten Idee überzugehen. Disziplinieren Sie sich (beziehungsweise im Workshop Ihre Teilnehmer) und formulieren Sie zumindest eine klare Überschrift und eine Kurzbeschreibung für Ihre Idee.

- Wählen Sie die interessantesten negativen Ideen aus und drehen Sie sie wieder ins Positive. Manchmal können Sie die negativen Ideen mit ein paar kleinen Veränderungen sogar direkt übernehmen, häufig aber müssen Sie sie weiterentwickeln, indem Sie etwas hinzufügen, weglassen oder verändern. Hier ist Ihre Kreativität gefragt!

Praxisbeispiel

Wie ansprechend fänden Sie diese Angebote in einem Reisekatalog? »*Genießen Sie eine Woche Aufenthalt im Erdbebengebiet. Durch die Risse in Ihrem Hotel haben Sie einen der schönsten Blicke auf die Ruinen der ehemaligen Hauptstadt. Tagesausflüge bringen Sie direkt ins Epizentrum des Tages.*« *Oder:* »*Dieses Hotel zeichnet sich vor allem durch seine überhöhten Preise und seine schmutzigen Handtücher aus.*« *So attraktiv wie eine Reise mit Malaria-Garantie, oder? Genau nach solchen Ideen haben wir in einem Workshop mit einem Reiseanbieter gesucht, dessen Management Wege aus der Preisfalle finden wollte. Die Frage lautete: Welche Reisen würden Kunden niemals buchen? Heraus kamen Reisen in Kriegsgebiete oder zu Naturkatastrophen, überteuerte Reisen, Reisen in Hotels mit schmutzigen Handtüchern und Alkoholiker-Reisen.*

Dann wurden die Ideen wieder ins Positive gedreht. Aus Reisen zu Naturkatastrophen wurden Vulkanreisen unter dem Motto »*Faszination Erde*«. *Die Reisen in Kriegsgebiete wurden zu* »*Reisen an Orte, die Geschichte machten*«. *Die Weiterentwicklung der Alkoholiker-Reisen führte uns zu Wein-Touren in die Toskana und zu Whisky-Destillerien nach Schottland. Aus den schmutzigen Handtüchern wurde ein Qualitätslabel für umweltbewusste und ressourcensparende Hotels.*

TIPP

Erwarten Sie nicht, dass Sie mit dem Kopfstand in fünf Minuten das Top-Produkt für die Zukunft entwickeln. Dann wäre das Buch hier beendet. In der Praxis hat der Kopfstand zwei große Vorteile: Sie katapultieren sich mit diesem Tool innerhalb von wenigen Minuten in den Kreativprozess! Und Sie machen Teilnehmern in Meetings und Workshops Mut durch schnelle Erfolge.

Die mentale Kamera

Erkunden Sie die Probleme Ihrer Umwelt

Mit der mentalen Kamera spüren Sie Probleme auf, die anderen nicht bewusst sind. Diese unbewussten Probleme sind oft die Grundlage genialer Produktideen! Statt Menschen zu fragen, beobachten Sie sie. Ihr Auge funktioniert dabei wie eine Kamera, die immer wieder auf neue Dinge fokussiert.

Einsatzbeispiele

- Suche nach versteckten Kundenbedürfnissen
- Identifizierung neuer Chancenfelder für Produkte, Dienstleistungen oder Geschäftsmodelle
- Verständnis für das Umfeld gewinnen, für das Sie Ideen entwickeln wollen

Komplexität	Aufwand für Vorbereitung	Output
hoch	hoch	Qualität
niedrig	gering	Quantität

Einführung

Der amerikanische Autopionier Henry Ford hat einmal gesagt: »Wenn
ich die Menschen gefragt hätte, was sie wollen, hätten sie gesagt:
schnellere Pferde.« Genau vor diesem Problem stehen Sie: Sie wollen
etwas Neues entwickeln, doch Sie erhalten immer nur Varianten des Bestehenden. Die mentale Kamera hilft Ihnen, durch genaue Beobachtungen Kundenbedürfnisse oder Schwachstellen zu erkunden, die anderen
nicht bewusst sind. Mit Ihrer mentalen Kamera haben Sie verschiedene
Möglichkeiten. Sie können im Weitwinkel filmen und dabei alles einfan-
gen oder auf bestimmte Details fokussieren. Entscheiden Sie, welchen
Fokus Sie setzen:

Modus	Was eine Kamera aufnimmt	Was Sie aufnehmen
Weitwinkel	Sie sehen das, was Sie normalerweise sehen, wenn Sie mit offenen Augen durch die Welt gehen. Menschengruppen, Straßen, Autos etc.	Im Modus Weitwinkel sind Ihre Sinne für die vielen Reize geöffnet, die gleichzeitig auf Sie einströmen. Sie schauen und hören mal hier und mal da hin. Dieser Modus ist gut geeignet, um sich einen Überblick in der Breite zu verschaffen.
Halbtotale	Mit der Halbtotalen wird ein bestimmter Ausschnitt aus dem Leben aufgenommen. Eine Gruppe von Menschen, Unterhaltungen zwischen verschiedenen Personen, ein Schaufenster, ein Auto.	Die Halbtotale nutzen Sie vor allem, um Interaktionen zu beobachten: Zwischen Verkäufern und Kunden, zwischen verschiedenen Mitarbeitern, zwischen einem Herrchen und seinem Hund etc.
Close	Der Fokus liegt auf einem Detail, beispielsweise einer Blume auf dem Balkon, der Benutzeroberfläche eines Serviceautomaten oder der Bewegung, mit der jemand eine Flasche öffnet.	Sie fokussieren auf Details, um sie genauer zu untersuchen. Wie findet sich ein Mensch bei der Bedienung des Serviceautomaten zurecht? Wo sind Probleme beim Öffnen einer Flasche? Etc.

Wechseln Sie bewusst den Fokus!!! Beobachten Sie bestimmte Vorgänge mal mit dem Weitwinkel, mal mit dem Close-Modus. Und halten Sie Ihre Beobachtungen und Ihre Gedanken dazu fest.

So gehen Sie vor

- Gehen Sie dorthin, wo Menschen mit Produkten, Dienstleistungen und Prozessen arbeiten. Beobachten Sie sie ganz genau. Benutzen Sie dabei die verschiedenen Kameramodi. Wenn Sie beispielsweise Arbeitsabläufe mit dem Weitwinkel betrachten, sehen Sie das große Ganze: Sie sehen die Auswirkungen auf das Umfeld, die Wirkung auf andere Prozessschritte etc. Wählen Sie aber den Kameramodus »Close«, konzentrieren Sie sich nur noch auf Details. Wechseln Sie zwischen den Modi hin und her!
- Dokumentieren Sie Ihre Beobachtungen. Beschreiben Sie, was Sie gesehen haben, und abstrahieren Sie das dahinterstehende Problem. Hier können Sie gedanklich etwas tun, was Sie aus Fußballübertragungen kennen: Auf Zeitlupe schalten. Untersuchen Sie bestimmte Abläufe, indem Sie einen bestimmten Vorgang gaaaaaaaaaaanz langsam betrachten.
- Leiten Sie aus den identifizierten Problemen Chancenfelder ab.

Praxisbeispiel

Ein international tätiger Konzern mit Niederlassungen in Europa, den USA und Asien führte einen Workshop zur Entwicklung von Ideen für die Optimierung der Kommunikationsprozesse durch. Die Teilnehmer erhielten die Aufgabe, mithilfe der mentalen Kamera versteckte Probleme im Unternehmen zu identifizieren.

Nach fünfundvierzig Minuten kamen die Teilnehmer mit überraschenden Beobachtungen zurück. Eine Mitarbeiterin der Unternehmenskommunikation wurde beispielsweise beobachtet, wie sie zwanzig Minuten bei verschiedenen Kollegen nachfragte, welcher Experte für ein bestimmtes Gebiet zuständig sei. Die Teilnehmer rechneten hoch, wie viel kostbare Zeit weltweit verloren geht, wenn es an anderen Standorten ähnliche Prozeduren gibt.

Das neue Chancenfeld lag nun auf der Hand: schnelles Auffinden von Experten innerhalb des Unternehmens. Am Ende entwickelten die Teilnehmer daraus ein innovatives globales Verzeichnis für das Unternehmen, in dem Kurzprofile von Experten mit ihren Kernkompetenzen enthalten waren.

Sie können die Technik der mentalen Kamera um eine reale Kamera ergänzen: Dass wir mit unserem Smartphone praktisch immer und überall sofort alles filmen, diese Filme weiterleiten und präsentieren können, hilft enorm. Sie können Vorgänge, die Sie beobachten, festhalten und später in Zeitlupe auswerten. Beachten Sie bitte nur, dass sich das Verhalten von Menschen manchmal ändert, sobald eine Kamera in der Nähe ist.

TIPP

Wirklich gute Kameraleute bei Fernsehen und Film brauchen übrigens Jahre, um ihre Fähigkeiten zu erlernen. Nehmen Sie sich die Zeit, um Ihre mentale Kamera zu schulen. Sie werden besser, je länger Sie beobachten! Diese Technik können Sie übrigens gut mit den Faktoren der ZAUBER-Formel kombinieren, die Sie noch kennenlernen werden.

Die ZAUBER-Formel

Entlarven Sie effektiv Chancenfelder

Bei der Suche nach Chancenfeldern scheitern Sie schnell an der Komplexität. Sie finden nicht zu *wenige*, sondern zu *viele* Probleme. Die ZAUBER-Formel hilft Ihnen, beim Erkennen von Chancen fokussiert zu suchen. Sie konzentrieren sich auf das, was Menschen das Leben besonders schwer macht.

Einsatzbeispiele

- Suche nach versteckten Kundenbedürfnissen
- Identifizierung neuer Chancenfelder für Produkte, Dienstleistungen oder Geschäftsmodelle
- Ansatzpunkte zur Optimierung von Prozessen und Abläufen finden

Einführung

Wenn Sie auf der Suche nach Chancenfeldern sind, laufen Sie immer Gefahr, sich hoffnungslos zu verzetteln. Sie finden nicht zu wenige, sondern zu viele Ansatzpunkte. Die ZAUBER-Formel hilft Ihnen dabei, die Suche zu systematisieren. Statt alles zu beobachten, fokussieren Sie sechs Felder mit innovativem Erfolgspotenzial.

Z EITFRESSER entlarven: Beobachten Sie Abläufe, hinterfragen Sie Prozesse und analysieren Sie, wo der Befragte unnötig viel Zeit verschwendet. Sie gehen zunächst einmal grundsätzlich davon aus, dass alles schneller gehen kann.

A UFWAND reduzieren: Wo immer unnötiger Aufwand entsteht, müssen Arbeitsschritte gegangen werden, die kompliziert und fehleranfällig sind. Achten Sie auf solch überflüssigen Aufwand.

U NWISSEN reduzieren: Gehen Sie auf Situationen ein, die Sie beobachtet oder herausgefunden haben, und fragen Sie:»Was weiß Ihr Gegenüber in dieser Situation *nicht*?« Überlegen Sie: Was würde Ihr Gegenüber dazu gerne wissen? Mit welchen Informationen könnte der Mensch, den Sie analysieren, schneller und besser arbeiten oder entscheiden?

B UDGET schonen: Bei der Befragung oder Beobachtung nehmen Sie die Rolle des Geizkragens ein. Denken Sie dabei wie Dagobert Duck! Wo immer etwas billiger geht, nehmen Sie sich vor, es billiger zu machen.

E RGEBNISSE verbessern: Wann immer Sie Ergebnisse verbessern können, haben Sie einen guten Ansatzpunkt für neue Ideen – seien es Suchergebnisse, Präsentationsergebnisse, Selbstdarstellungsergebnisse, Arbeitsergebnisse oder inhaltliche Ergebnisse. Gehen Sie aus Prinzip davon aus, dass es noch viel viel besser geht.

R ISIKEN vermindern. Achten Sie auf ein direktes, reales oder angenommenes Risiko im Alltag Ihres Befragten. Überlegen Sie, wie Sie das Risiko, das Ihr Gegenüber möglicherweise nur unterbewusst spürt, definieren und daraus Chancen ableiten können.

So gehen Sie vor

- Sie beobachten Ihr Gegenüber mit der mentalen Kamera oder lassen sich Abläufe erklären. Dann beginnen Sie zu hinterfragen.
- »Warum muss das so sein?« Sie hinterfragen das, was für Ihr Gegenüber offensichtlich ist.
- »Warum machen Sie diesen Schritt?« Sie unterstellen (höflich), dass der Schritt überflüssig ist, und fragen nach, was passieren würde, wenn man ihn wegließe.
- »Die derzeitige Lösung hat doch unglaubliche Nachteile!« Sie nehmen die Rolle des Advocatus Diaboli ein und bringen Ihr Gegenüber dazu, über die Schwächen nachzudenken.
- Notieren Sie die Ergebnisse.

Praxisbeispiel

Als Thomas Edison herausfand, wie man die menschliche Stimme aufnehmen kann, überlegte er sofort, wo unnötiger Aufwand entsteht. Er beobachtete, wie Chefs Briefe diktierten. Sie diktierten einen Text, den ihre Assistentin zunächst in Steno-Schrift niederschrieb und anschließend abtippte. Edison dachte sich: zu viel Zeitverlust. Sein erster Phonograph war ein Diktiergerät für Chefs, um Texte schneller zu diktieren. Der Phonograph bekam später unzählige weitere Anwendungsfelder. So wurde das Gerät zum Vorläufer des Grammofons und Edison der erste Musikproduzent der Welt.

TIPP   Nutzen Sie die ZAUBER-Formel regelmäßig! Je häufiger Sie die sechs Felder anwenden, desto mehr verinnerlichen Sie die Fragestellungen. Sie werden die ZAUBER-Formel irgendwann intuitiv anwenden und Ihre Umwelt mit anderen Augen betrachten.

Der kreative Hammer

Spaß am Zerstören – greifen Sie sich selbst an

Sie schlüpfen in die Rolle eines aggressiven Zerstörers. Aus dieser Rolle heraus nehmen Sie den kreativen Hammer in die Hand und schlagen auf sich selbst oder bestehende Lösungen für ein Problem ein. Der kreative Hammer hilft Ihnen dabei, Ihre eigenen Schwächen schonungslos offenzulegen und Denkschranken zu lösen.

Einsatzbeispiele

- Sie wollen Ihre eigenen Schwächen aufdecken und daraus Chancen entwickeln.
- Sie wollen die Schwächen bestehender Lösungen aufdecken und daraus Chancen für sich selbst entwickeln.
- Sie wollen Produkte, Strategien, Abläufe und Prozesse radikal neu erfinden.

Einführung

Sie haben schon eine Reihe von Methoden ausprobiert. Sie beschleicht das Gefühl, dass Sie irgendwie nicht weit genug gesprungen sind. Die Ideen sind entweder eine neue Variante des Bestehenden oder aber leichte Verbesserungen. Sie suchen aber nach dem großen Wurf. Wenn Sie ein Unternehmen, eine Abteilung oder ein Team leiten, haben Sie das Gefühl, dass Sie Ihre Kollegen und Mitarbeiter einmal richtig »wachrütteln« wollen. Dann ist der kreative Hammer genau das Richtige für Sie. Indem Sie die Rolle besonders aggressiver Zerstörer einnehmen, setzen Sie Denkschranken außer Kraft. Sie sind geradezu gezwungen anders und radikal zu denken. Der kreative Hammer hat in allen Unternehmen, in denen wir sie angewendet haben, bleibende Spuren hinterlassen. Nicht nur in Form von Ideen: Sie hat auch die Köpfe geöffnet. Einziger Wermutstropfen: In Bezug auf Ihr eigenes Unternehmen können Sie diese Technik nicht allzu oft einsetzen, sonst verliert sie ihre Wirkung.

So gehen Sie vor

- Nehmen Sie die Rolle eines besonders aggressiven Mitbewerbers oder eines hochdynamischen Start-ups ein.
- Nehmen Sie sich eine halbe oder eine Stunde Zeit, eine Strategie aus der Angreiferperspektive zu entwickeln. Schlüpfen Sie förmlich in die Rolle hinein.
- Seien Sie schonungslos, zerstören Sie, was heilig ist oder unzerstörbar erscheint: Ihre eigenen Angebote oder bestehende Lösungen am Markt. Denken Sie so radikal wie möglich!
- Suchen Sie in den Trümmern nach neuen Lösungen: Wie können Sie die Schwachpunkte des Bestehenden durch innovative Ansätze überwinden? Welche der Ideen können Sie direkt, etwas verändert oder langfristig umsetzen?

Praxisbeispiel

Den kreativen Hammer haben wir bei einem Verlag angewendet, der im Auftrag großer Unternehmen Kundenzeitschriften publiziert. Eine Angreiferrolle, die wir definiert haben: Ein junges Unternehmen, das Pressestellen großer Konzerne die Ineffektivität von Kundenzeitschriften vorrechnet und Alternativen anbietet, die das Unternehmen moderner und noch kundennäher erscheinen lassen. Am Anfang war diese Rollenbeschreibung für die Führungskräfte ein Schock. Schließlich signalisierten alle ihre Kunden, dass sie mit den Zeitschriften sehr zufrieden seien. Nachdem sie sich in die Rolle hineinversetzt hatten, fanden sie Chancen, die nichts mehr mit den bisherigen Verlagsprodukten zu tun hatten. Beispielsweise eine Plattform für regionale Wohltätigkeitsprojekte, die Menschen zusammenbringt, die gemeinsam Gutes für die Region bewirken wollen. Oder hochwertige Serviceangebote, die ein Großteil der Kunden nutzt – ein Umfeld für Unternehmensnachrichten.

TIPP

Versuchen Sie bei aller Radikalität, die Realität nicht ganz aus den Augen zu verlieren. Am Ende hilft es Ihnen nicht, wenn alle Beteiligten der Meinung sind, die Ideen seien nur Spinnereien. Wenn die Ideen aus Ihrer Sicht in den Bereich der Utopie fallen, legen Sie noch eine Runde ein und bitten Sie Kollegen, Mitarbeiter oder Teilnehmer, die Ideen so zu verändern, dass sie umsetzbar werden.

Die Glaskugel

Entwickeln Sie Suchfelder aus Zukunftstrends

Sie setzen sich mit Zukunftstrends auseinander und analysieren, wo diese bereits wahrnehmbare Entwicklungen ausgelöst haben. Sie übertragen diese Fakten auf Ihre Branche und Ihr Unternehmen. Mit der Glaskugel entdecken Sie Chancenfelder auf Basis fundierter Zukunftsprognosen.

Einsatzbeispiele

- Sie wollen konkrete Innovationschancen aus Zukunftstrends ableiten.
- Sie wollen Ihre Schwächen aufdecken und daraus Chancen entwickeln.
- Sie wollen Produkte, Strategien, Abläufe und Prozesse radikal neu erfinden.

Einführung

Sie haben wahrscheinlich nur eine vage Vermutung, dass sich irgendetwas ändern könnte. Die Technologie entwickelt sich rasant weiter, demografische Umbrüche sind abzusehen oder es gibt bereits erste Anzeichen für Veränderungen im Kundenverhalten, die langfristig zu komplett neuen Angeboten und Geschäftsmodellen führen. In diesem Moment brauchen Sie die Glaskugel.

Es gibt tatsächlich Ähnlichkeiten zur Wahrsagerei. Wieso können Wahrsagerinnen die Zukunft voraussagen? Nicht, weil sie über übermenschliche Fähigkeiten verfügen, sondern weil sie Fakten aus der Gegenwart auf die Zukunft übertragen. Sie transferieren geschickt Entwicklungen aus anderen Bereichen und sagen so kommende Geschehnisse vorher. Diese Denktechnik können Sie übertragen.

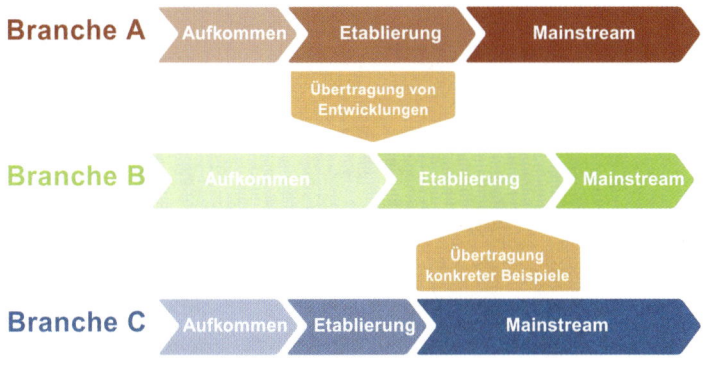

Abbildung 2: Mögliche Durchsetzung von Trends

So gehen Sie vor

- Bestimmen Sie einen Megatrend oder einen Branchentrend, aus dem Sie Chancen ableiten wollen. Sie finden diese Trends in den Publikationen zahlreicher Forschungsinstitute oder in Fachpublikationen. Suchen Sie bei Google nach Begriffskombinationen wie »Trends Automobilindustrie« oder »Megatrends Landwirtschaft«, je nachdem in welcher Branche Sie arbeiten.

- Suchen Sie nach frühen Indikatoren für das Auftreten dieses Trends, zum Beispiel in einer anderen Branche oder einer bestimmten Region. Wenn Sie beispielsweise nach Trends zur alternden Gesellschaft suchen, recherchieren Sie, in welchen Ländern und Regionen dieser Trend seit Jahren existiert. Japan ist hier ein Beispiel, aber auch bestimmte Regionen in Deutschland.

- Untersuchen Sie Verhaltensmuster in diesem Bereich, analysieren Sie Probleme und Lösungsansätze und übertragen Sie diese auf Ihre Herausforderung.

Praxisbeispiel

Bei der Entwicklung von Innovationsfeldern für den Vodafone Innovation Park haben wir Geschäftsmodell-Konzepte für das sogenannte »Internet der Dinge« – also die Verknüpfung realer Gegenstände mit Anwendungen des Internets – entwickelt. Konkret ging es um die Entwicklung möglicher Servicemodelle durch Fernwartung. In zwei Bereichen haben sich Teile dieses Trends bereits sehr frühzeitig etabliert. In der Luftfahrtindustrie ist es völlig normal, Flugzeuge durch Ferndiagnosesysteme bereits im Flug zu untersuchen, um bei der Landung bereits alles Notwendige für die Wartung und Reparatur beisammen zu haben. In der Computer- und Soft-wareindustrie wird ein Großteil der Umsätze durch Wartungs- und Service-

verträge erzielt. Diese beiden greifbaren konkreten Entwicklungen haben wir auf andere Branchen übertragen. Daraus entstand das Konzept einer innovativen Serviceplattform für andere Branchen.

Vorhersagen sind bekanntlich schwer, weil sie sich mit der Zukunft auseinandersetzen. Verzweifeln Sie nicht daran, wenn sich einige Ihrer Zukunftsprognosen als Fehleinschätzungen erweisen. Das ist in diesem Fall vollkommen normal. Überlegen Sie nur einmal, wie schwer es ist, das Wetter auf zwei bis drei Tage exakt vorherzusagen. Dabei geht die Meteorologie ähnlich vor: vorhandene Fakten auf die Zukunft übertragen. Leider verändern sich diese Fakten manchmal unerwartet. Seien Sie geduldig.

Und fast noch wichtiger: Seien Sie bereit, Ihre Annahmen immer wieder zu überdenken. Die Glaskugel ist eine Technik, zu der Sie im Laufe der Ideenentwicklung immer wieder zurückspringen können, um zu überprüfen, ob Sie noch auf dem richtigen Weg sind. Was hilft es Ihnen, wenn Sie akribisch daran feilen, eine Software zur Perfektion zu bringen, sich inzwischen aber Webanwendungen durchgesetzt haben, die ähnliche Probleme in anderen Branchen über die sogenannte »Cloud« lösen. Dann haben Sie am Ende zwar eine perfekte Software, aber sie ist nicht zukunftsfähig, weil sich die Welt inzwischen weitergedreht hat.

Chancen-Matrix

Priorisieren Sie Ihre Chancenfelder

Die Chancen-Matrix unterstützt Sie dabei, die für Sie und Ihr Unternehmen besten Chancenfelder herauszupicken. Schätzen Sie, wie viel Aufwand Sie in die Entwicklung eines Chancenfeldes investieren müssten. Und wägen Sie das sorgfältig gegen die Chancen ab, die Sie sich versprechen.

Einsatzbeispiele

- Systematische Priorisierung Ihrer identifizierten Chancenfelder
- Identifikation von Quick-Wins und echten Kopfnüssen, um die geeigneten Maßnahmen zur Ideengenerierung auszuwählen

Einführung

Je länger Sie sich mit einem Thema beschäftigen, desto mehr Problemstellungen werden offensichtlich, desto mehr Chancen offenbaren sich aber auch. Was tun? Beginnen Sie mit der Entwicklung von Ideen für alle Chancenfelder gleichzeitig? Starten Sie mit dem scheinbar dringendsten? Oder doch mit dem wichtigsten? Verzetteln Sie sich nicht! Priorisieren Sie Ihre Chancenfelder: Die Höhe des Aufwands und die Auswirkung einer Lösung sind die Kriterien.

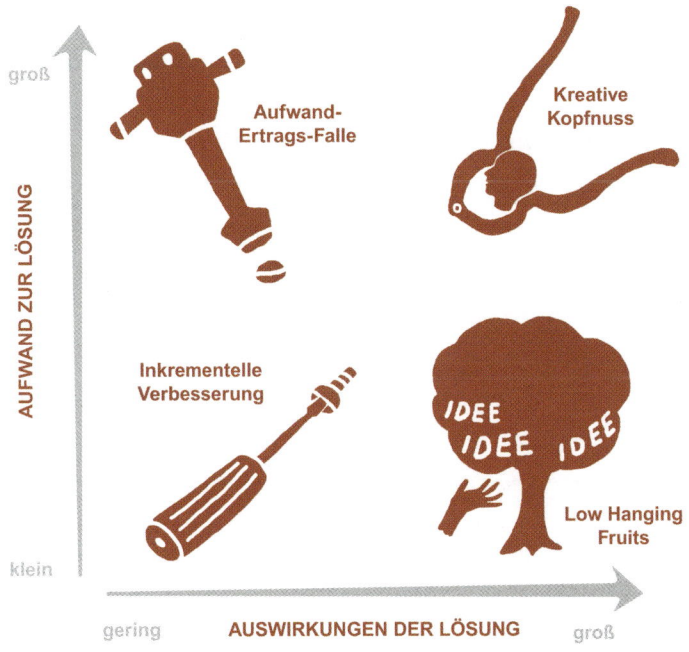

Abbildung 3: Verhältnisbestimmung Aufwand und Auswirkung der Lösung

So gehen Sie vor

- Formulieren Sie die Chancenfelder, die Sie identifiziert haben, aus.
- Übertragen Sie sie in eine Matrix, in der Sie sie nach Aufwand und Auswirkung ordnen.
- Hüten Sie sich vor der Aufwand-Ertrags-Falle: Für die Umsetzung dieser Chancenfelder bräuchten Sie Monate, ohne wirkliche Auswirkungen zu sehen.
- Die »Low-hanging-Fruits« mit geringem Aufwand und großen Auswirkungen bieten großes Potenzial für schnelle Erfolge. Allerdings suchen die fast alle ...
- Falls Sie nicht allzu viel Aufwand betreiben wollen, prüfen Sie, ob inkrementelle Verbesserungen mit geringem Aufwand und geringen Auswirkungen Sie weiterbringen.
- Überlegen Sie, ob Sie bereit für die kreativen Kopfnüsse sind. Machen Sie Ihren persönlichen Motivationstest. Sie finden ihn in der Beschreibung zu Tag eins des Sechs-Wochen-Programms.

Praxisbeispiel

Ein IT-Unternehmen beauftragte uns mit der Durchführung eines Innovationsworkshops zur Entwicklung neuer Geschäftsmodelle. Das Unternehmen hatte dreizehn Chancenfelder identifiziert: Vier zu neuen Vertriebsstrategien, eines zum neuen Außenauftritt, fünf zur Erschließung von Märkten in Osteuropa und drei für neue Kooperationen. Wenn Sie mit dreizehn Chancenfeldern in einen Innovationsprozess gehen, ist der Misserfolg fast vorprogrammiert: Sie entwickeln viele oberflächliche Konzepte statt wenige mit Substanz.

Mithilfe der Chancen-Matrix wurden zwei Suchfelder zu neuen Kooperationen identifiziert, die als »Low-hanging-Fruits« priorisiert wurden. Ein Chancenfeld zur Erschließung neuer Märkte erwies sich als Kopfnuss, wurde aber wegen des hohen Erfolgspotenzials trotzdem angegangen. Die Ideenentwicklung konnte schließlich fokussiert und erfolgreich stattfinden.

Wenn Sie mehrere Chancenfelder aussuchen, achten Sie auf ein ausgewogenes Verhältnis zwischen schnellen Erfolgen und harten Kopfnüssen. Wir empfehlen das Verhältnis zwei zu eins. Gerade das Top-Management wird schnell ungeduldig: Wenn Sie zwei schnelle Erfolge nachweisen können, traut man Ihnen auch die kreative Kopfnuss zu.

Wir empfehlen diese Strategie selbst dann, wenn Ihre Vorgesetzten Ihnen am Anfang sagen: »Nehmen Sie sich die Zeit, die Sie brauchen. Wir wollen langfristig denken und wissen, dass es keine schnellen Erfolge gibt.« In 90 Prozent aller unserer Projekte kam trotzdem spätestens nach drei Monaten die Frage hoch: »Und? Was ist dabei herausgekommen?« Und spätestens nach einem halben Jahr wird irgendjemand ungeduldig und klopft vorsichtig an die Tür: »Also, ein paar Erfolge würden uns jetzt schon guttun, um das Projekt zu rechtfertigen.«

TIPP

Schritt 2:
Definieren – Problemen auf den Grund gehen, neue Fragestellungen entwickeln

»Ich stelle die gleiche Frage auf hundert verschiedene Arten und Weisen.«[9]

Erfinder werden regelmäßig gefragt: »Wie sind Sie auf diese Idee gekommen?« Die Antwort lautet häufig: »Ich habe einfach die Frage anders gestellt.« Neue Fragestellungen beinhalten oft bereits einen Teil der Lösung oder zeigen Wege auf, die andere übersehen. Darum geht es im zweiten Schritt. Im ersten Schritt haben Sie Herausforderungen in verschiedenen Gebieten gesucht, daraus Suchfelder für neue Ideen (Erfolgschancen) abgeleitet und geclustert. Jetzt

- entwickeln Sie konkrete Fragestellungen, die Ihnen dabei helfen, das Suchfeld zu erkunden,
- schaffen Sie eine fundierte Grundlage für die Ideensuche und
- erkunden neue Lösungswege.

Neue Fragestellungen zu definieren, war eine effektive Denktechnik von Thomas Edison. Sie lernen, Ihre gewohnten Wege der Lösungsfindung zu verlassen und sich stattdessen ein sehr viel umfangreicheres Feld an Möglichkeiten zu eröffnen. Sie erhalten eine Anleitung zur Entwicklung von Suchfragen und lernen Techniken kennen, um Ihre gewohnten Routinen bei der detaillierten Beschreibung von Herausforderungen aufzubrechen.

Der Tiefenbohrer

Gehen Sie Problemen auf den Grund

Der Tiefenbohrer ist eine Technik zur kreativen Problemanalyse. Sie fragen wie ein dreijähriges Kind immer wieder: »Warum?« Damit bohren Sie das Problem, das Ihrem Chancenfeld zugrunde liegt, weiter auf. Durch das ständige Hinterfragen entwickeln Sie weiterführende Denkwege.

Einsatzbeispiele

- Vertiefung von lediglich oberflächlichen Ausgangsfragen für Ihre Ideensuche
- Berücksichtigung bisher unbeachteter Ursachen
- Lösung von Blockaden bei der Problemdefinition und der Entwicklung von Suchfragen

Einführung

Sie haben beispielsweise mit der ZAUBER-Formel Probleme erkundet und daraus erste Chancenfelder abgeleitet. Eigentlich ist alles gut, doch Sie beschleicht das Gefühl, dass Sie noch zu sehr an der Oberfläche kratzen. Außerdem denken Sie auf derselben Problemdefinition herum wie tausende andere vor Ihnen. Zeit, das Problem neu zu definieren! Der Tiefenbohrer ist eine Technik, mit der Sie systematisch tiefer und noch tiefer ein Problem analysieren können. Sie fragen so lange »Warum?«, wie es aus Ihrer Sicht Sinn macht. Jedes Mal, wenn Sie eine Ebene tiefer gehen, ergeben sich mehrere potenzielle Ursachen – die Grundlage für verschiedene Denkwege.

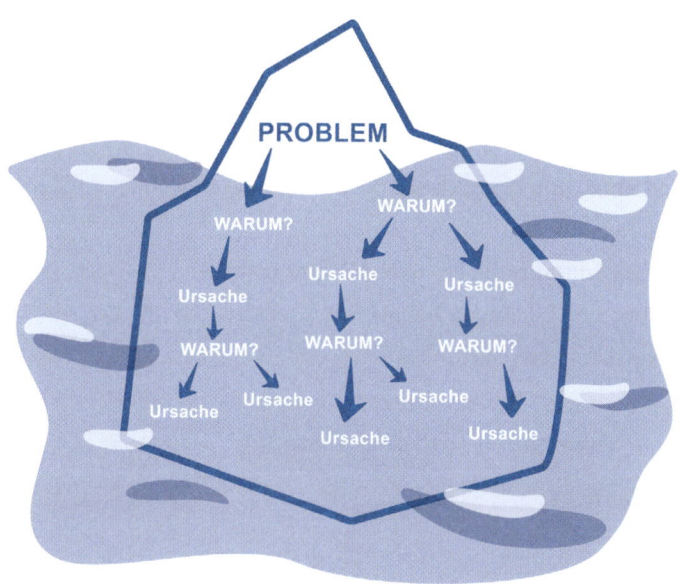

Abbildung 4: Warum-Fragen, um zu unterschiedlichen Denkwegen zu gelangen

So gehen Sie vor

- Gehen Sie noch einmal zurück auf die Probleme, die Ihrem Chancenfeld zugrunde liegen.
- Suchen Sie sich ein Problem heraus.
- Fragen Sie das erste Mal: »Warum?« Notieren Sie alle Ursachen für das Problem.
- Hinterfragen Sie jetzt die verschiedenen Ursachen auf die gleiche Art und Weise: »Warum?«
- Nehmen Sie die Probleme, die Ihnen plausibel erscheinen, und leiten Sie daraus neue Chancenfelder ab.

Praxisbeispiel

Ein Unternehmen sucht neue Wege zur Bindung von Segment-Bestandskunden. Die Frage »Warum könnten unsere Kunden zu Mitbewerbern wechseln?« ist allgegenwärtig und nicht neu! Die Antworten auf diese Frage auch nicht: »Weil die Konkurrenz sie als Neukunden mit günstigen Lockangeboten wirbt.« Spannend wird an dieser Stelle das Ansetzen des Bohrers: »Warum fühlen sich unsere Kunden von Lockangeboten überhaupt angesprochen?« Die Antworten auf diese Frage lauten: »Weil unser Preissystem zu starr ist« und »Weil wir Kundentreue nicht belohnen«. Bereits aus dieser »Bohrschicht« ergeben sich neue Chancenfelder: Flexibilisierung des Preissystems, Belohnung langjähriger Treue.

Hören Sie nicht auf zu bohren, wenn Sie die ersten offensichtlichen Problemschichten durchstoßen haben. Fragen Sie so lange weiter, bis Sie das Gefühl haben, dass Ihnen das Weiterbohren nichts mehr bringt. Denn die wertvollen Potenziale stecken häufig erst in der dritten oder vierten »WARUM-Generation«.

TIPP

Begriffsnachbarn

Kommen Sie durch kontrollierte Assoziationen auf geniale Fragen

Sie nutzen die Fähigkeit Ihres Gehirns, Assoziationen (Begriffsnachbarn) rund um einen Begriff zu bilden. Zunächst reduzieren Sie Ihre Ausgangsfrage auf ein Wort. Dann entwickeln Sie so viele Begriffsnachbarn wie möglich. Diese Begriffsnachbarn sind der Ausgangspunkt für neue Fragen.

Einsatzbeispiele

- Suchfelder durch veränderte Fragestellungen systematisch erschließen
- Entwicklung neuer Fragestellungen in festgefahrenen Meetings oder Workshops
- Entwicklung neuer Denkwege und Lösungsstrategien

Einführung

Sie haben im ersten Schritt ein Chancenfeld entwickelt. Dazu ist Ihnen auch schon eine Fragestellung eingefallen. Allerdings überlegen Sie: »Kann das schon alles sein?« Sie wollen die gleiche Frage – wie Edison es formulierte – auf verschiedene Arten und Weisen formulieren. Nutzen Sie zunächst die Fähigkeit Ihres Gehirns, Begriffsnachbarn in Form von Assoziationen zu bilden. Im zweiten Schritt formulieren Sie mithilfe dieser Assoziationen Fragen.

Assoziieren gehört zu den effektivsten kreativen Denktechniken. Stellen Sie sich dazu Ihr Unterbewusstsein wie die Festplatte Ihres Computers vor: Es liegen viele Daten abrufbereit vor. Allerdings braucht Ihr Kopf ein bisschen Zeit, um das Suchprogramm zu aktivieren. Assoziationen helfen, Gedanken aus dem Unterbewusstsein in das Bewusstsein zu bringen. Zusammen mit Fragen helfen sie, Suchfelder zu erschließen und das Umfeld zu verstehen.

So gehen Sie vor

- Reduzieren Sie Ihr Chancenfeld auf einen entscheidenden Kernbegriff.
- Leiten Sie anschließend durch Assoziation Begriffsnachbarn ab.
- Halten Sie die Begriffsnachbarn beispielsweise mithilfe einer Mind Map fest.
- Entwickeln Sie mithilfe der Begriffe neue Fragestellungen, die mit der Einleitung »Wie kann ich ...?« oder »Wie können wir ...?« beginnen.
- Nutzen Sie diese Fragestellungen, um das Suchfeld zu erkunden und dadurch neue Antworten zu erhalten.

Praxisbeispiel

Die Aufgabe eines Vertriebsteams im Ideenfindungsworkshop lautete: »Wie können wir unsere Vertriebsmitarbeiter motivieren?« Als Kernbegriff wurde »Motivation« abgeleitet. In Kleingruppen bekamen die Teilnehmer nun die Aufgabe, Assoziationen zu dem Kernbegriff »Motivation« zu entwickeln: Identifikation, Erfolg, Stolz, Überzeugung, Lob, Bonifikation etc. Daraus formulierten die Teilnehmer Fragestellungen:

- *Wie können wir die Identifikation mit unserer Firma steigern?*
- *Wie können wir Mitarbeiter von unseren Zielen überzeugen?*
- *Wie können wir Erfolge von Mitarbeitern sichtbar machen?*
- *Wie können wir Mitarbeiter stolz auf ihre Arbeit machen?*

In der folgenden Runde generierten die Kleingruppen Ideen zu diesen neu entwickelten Fragen.

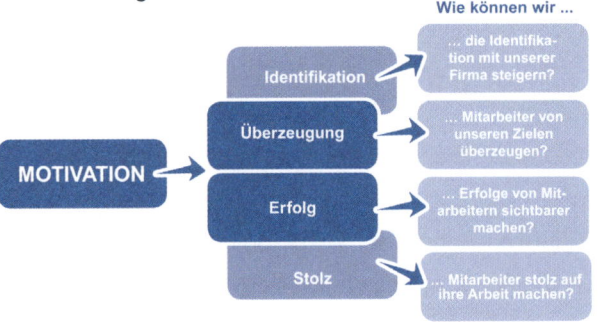

Abbildung 5: Bestandteile von Motivation

TIPP

Die Bildung von Assoziationen fällt fast immer leicht. Die Schwierigkeit dieser Technik besteht am Anfang darin, die Fragen zu formulieren. Ist der Knoten jedoch erst einmal geplatzt, können Sie die Technik innerhalb von fünf Minuten anwenden. Wir nennen sie scherzhalber häufig die »Fünf-Minuten-Terrine« des Kreativprozesses.

Der einarmige Bandit

Erzeugen Sie neue Fragestellungen im Fragen-Casino

Sie variieren die einzelnen Bestandteile Ihrer Suchfrage und lassen wie bei einem Spielautomaten alte und neue Begriffe rotieren. Mit dem einarmigen Banditen entwickeln Sie neue Fragestellungen, die Sie auf völlig neue Denkwege bringen und bereits Teillösungen enthalten können.

Einsatzbeispiele

- Suchfelder durch veränderte Fragestellungen systematisch erschließen
- Entwicklung neuer Fragestellungen in festgefahrenen Meetings oder Workshops
- Generieren neuer Blickwinkel bei einer eingefahrenen und ergebnislosen Lösungssuche

Einführung

Sie plagt seit Monaten eine typische Problemstellung und Sie beißen sich immer wieder an den gleichen Fragen fest. Alle möglichen Lösungsansätze, die Sie entwickelt haben, stellen bestenfalls durchschnittliche Teillösungen dar. Sie verwerfen eine Idee nach der anderen und sind fürchterlich frustriert.

An dieser Stellen haben viele Kreative einen Trick: Wenn sie nicht auf neue Lösungen kommen, variieren sie einfach die Frage. Dazu dient der einarmige Bandit, der auf dem kreativen Prinzip der Variation beruht: Einzelne Komponenten austauschen, weglassen, hinzufügen oder verändern. Dieses kreative Prinzip finden Sie in vielen Techniken wieder – wie beispielsweise auch in der Verwandlungsbox in der Phase des Optimierens.

Wenn Sie diese Technik nutzen, wird sie Ihnen vielleicht wie ein Glücksspiel vorkommen: Etwa 70 bis 80 Prozent der neu entstandenen Fragen werden Sie nicht weiterbringen. Einige von ihnen haben ausschließlich Unterhaltungswert. Die verbliebenen allerdings werden Sie verblüffen! Sie werden sich fragen, warum Sie nicht schon längst auf eine so geniale und einfache Frage gekommen sind. Und: Ein wesentlicher Teil der Lösung liegt Ihnen bereits auf der Zunge.

Wie können wir ...	Schuhe	bequemer	...	machen
feste	Sohlen	weicher	und billiger	gestalten
neue	Ränder	passgenau	und teuer	designen
leichte	Innenleder	temperatur-regulierend	und edler	
Kinder-	Nähte	flexibler	und haltbarer	

Beschränkungen **Neu fokussieren** **Variationen** **Zusätze**

So gehen Sie vor

- Stellen Sie eine Tabelle mit mindestens fünf Spalten auf. In die erste Zeile schreiben Sie Ihre Ausgangsfrage, jeder Begriff steht in einer neuen Zelle. Die Frage »Wie kann ich ...?« oder »Wie können wir ...?« steht obligatorisch in der ersten Spalte.
- Ergänzen Sie den Hauptteil Ihrer Frage am Anfang und am Ende um einen Zusatz beziehungsweise eine Beschränkung. Verändern Sie den Fokus der Frage oder variieren Sie Verben und Adjektive. Experimentieren Sie mit den verschiedenen Möglichkeiten!
- Finden Sie in jeder Spalte jeweils mindestens sechs neue Begriffe, die einen neuen Fokus oder eine Variation des Ausgangsbegriffs darstellen.
- Fokussieren Sie nun durch Variationen Ihre Frage neu: Lassen Sie die Begriffe rotieren und suchen Sie aus den Kombinationsmöglichkeiten nach neuen, spitz formulierten Fragen.

Praxisbeispiel

Ein Hersteller für Erfrischungsgetränke begann seit Monaten jedes Meeting mit folgender Frage: »Wie können wir unser nächstes Hype-Getränk entwickeln?« *Das Team hatte im Laufe der Zeit etliche Ideen entwickelt, die weder die Marketingabteilung noch die Geschäftsleitung überzeugt hatten. Sie verzweifelten langsam aber sicher an der Problemstellung.*

Im Rahmen eines Workshops wurde die Frage mit dem einarmigen Banditen variiert. Aus der Matrix entstanden neue, konkrete Fragen wie:
- *»Wie können wir natürliche Aromen Image fördernd mit Kräuterauszügen kombinieren?«*
- *»Wie können wir ein funktionales Getränk für Best Ager entwickeln?«*
- *»Wie können wir unsere Margen für unseren bestehenden Bestseller durch eine revolutionäre und günstigere Verpackung erhöhen?«*

Die neu entwickelten Fragen lösten alte Denkblockaden und schafften neue Blickwinkel.

TIPP Die Technik ist ähnlich effektiv wie die Begriffsnachbarn. Probieren Sie beide nacheinander aus oder nehmen Sie die, die besser zu Ihnen passt. Unsere Erfahrung: Intuitive Denker mögen eher die Begriffsnachbarn, strukturierte Denker den einarmigen Banditen.

Wichtig ist: Beißen Sie sich nicht an der Methodik fest, sondern variieren Sie sie. Verzweifeln Sie nicht daran, wenn Sie keine Beschränkung finden: »Mist! Die Methode geht nicht! Es gibt keine Beschränkungen!« Sehen Sie im einarmigen Banditen eher eine allgemeine Stütze, die Ihnen helfen soll, die Grundidee der Fragenvariation zu verinnerlichen. Wenn Sie den einarmigen Banditen häufiger einsetzen, werden Sie Fragen irgendwann fast automatisch verändern – die Technik also intuitiv einsetzen.

Der Fünf-Brillen-Blick

Betrachten Sie Chancenfelder aus verschiedenen Perspektiven

Neue Lösungswege entstehen durch neue Sichtweisen. Mit dem Fünf-Brillen-Blick betrachten Sie ein Problem beziehungsweise ein Chancenfeld durch die Brille von fünf außenstehenden Personen oder Institutionen. Dieser Perspektivenwechsel hilft Ihnen, alternative Denkansätze zu entwickeln.

Einsatzbeispiele

- Bewusstes Aufbrechen von allgemein akzeptierten Denkmustern
- Erkundung bislang übersehener Lösungsansätze
- Aufbrechen von Denkblockaden und eingefahrenen Ideenfindungsprozessen

Einführung

Wir neigen dazu, Probleme und Chancen stets aus unserer eigenen Perspektive zu betrachten. Dadurch vergeben wir viele Chancen. Der Fünf-Brillen-Blick hilft Ihnen, neue Denkansätze zu erhalten, die aufgrund der verschiedenen Perspektiven häufig ungewöhnlich sind. Das kreative Prinzip, das dahinter steht, heißt genauso wie die Technik: Perspektivenwechsel. Es ist das Prinzip, Dinge aus verschiedenen Richtungen zu betrachten.

Überlegen Sie, wie eine andere Person das Problem definieren würde. Die Perspektiven, die Sie einnehmen können, sind unterschiedlichster Natur. Diese können z.B. sein: ein Angreifer von außerhalb Ihrer Branche, Ihr Mitbewerber, ein besonders strukturiert denkender oder ein chaotischer Kunde, eine Hausfrau, ein Sportler, ein Politiker, ein Kontrolleur, ein Lehrer oder aber auch ein besonders erfolgreicher Unternehmer, wie beispielsweise Amazon-Gründer Jeff Bezos.

So gehen Sie vor

- Notieren Sie das Problem beziehungsweise das Chancenfeld in möglichst einfachen Worten.
- Definieren Sie fünf verschiedene Rollen, die vom eigentlichen Problem möglichst weit weg sind.
- Überlegen Sie, wie diese Person das Problem beziehungsweise Chancenfeld beschreiben würde.
- Formulieren Sie aus dieser neuen Perspektive heraus eine Suchfrage.

Praxisbeispiel

Ein Fußballverein sucht Sponsoren für die neue Saison. Bislang hat der Verein vor allem mit der regionalen Verwurzelung und dem Sport geworben. Mithilfe des Fünf-Brillen-Blicks wird das Problem anders definiert, es entstehen neue Suchfragen.

- *Perspektive des Unternehmers: Der Unternehmer möchte durch das Sponsoring in erster Linie eine gute PR für sein Unternehmen erzielen. Die Suchfrage lautet: Wie können wir durch Sponsoring-Aktivitäten Unternehmen zu guter PR verhelfen?*
- *Perspektive der Mutter: Die Mutter möchte vor allem, dass sich ihr Kind bewegt. Die Suchfrage lautet: Wie können wir durch Sponsoring-Aktivitäten gezielt dafür sorgen, dass sich Kinder mehr bewegen?*
- *Perspektive eines Musikers: Musik und Fußball wecken gleichermaßen Emotionen. Suchfrage: Wie können wir Sponsoring-Aktivitäten mit Musik verbinden?*

In der Praxis führt dieses Vorgehen zu neuen, ungewöhnlichen Denkansätzen.

TIPP

Verlassen Sie ganz bewusst den eigenen Blickwinkel und setzen Sie sich möglichst verschiedene Brillen auf. Wenn es Ihnen extrem schwerfällt, aus bestimmten Perspektiven heraus Chancenfelder zu formulieren, scheuen Sie sich nicht jemanden zu befragen, dessen Brille Sie aufsetzen wollten! Sie müssen die Brillen nicht bei jeder neuen Ideensuche sklavisch wechseln. Irgendwann werden Sie Ihre »Lieblingsbrillen« definiert haben, mit denen Sie gut arbeiten können. Wichtig ist nur, dass Sie nicht irgendwann beginnen, diese Lieblingsbrillen auf jede Herausforderung anzuwenden.

Schritt 3:
Inspirieren – Über den
Tellerrand blicken

»Ich bin ein guter Schwamm, denn ich sauge Ideen auf und mache sie dann nutzbar.« [10]

Pablo Picasso hat einmal gesagt: »Gute Künstler kopieren, große Künstler stehlen.« Dieses Zitat hat den verstorbenen langjährigen Apple-Chef Steve Jobs so beeindruckt, dass er es zu einer Lebensphilosophie erhob: »Es geht darum, sich dem Besten auszusetzen, was Menschen geschaffen haben. Und dann zu versuchen, diese Dinge auf das zu übertragen, was du tust.« Beim »Stehlen« geht es darum, sich von großartigen Ideen inspirieren zu lassen. Edison verfolgte diese Philosophie ebenfalls. Er suchte ständig nach Inspirationen aus anderen Bereichen. Er sagte über sich selbst: »Eigentlich bin ich mehr ein Schwamm als ein Erfinder.«

In den ersten beiden Schritten haben Sie Chancenfelder erkannt und Fragestellungen entwickelt. Im dritten Schritt werden Sie – wie Thomas Edison – zum Ideenschwamm. Sie suchen nach

- cleveren Lösungen aus anderen Branchen,
- Analogien aus ganz anderen Bereichen, die den Kopf anregen,
- Lösungswege und Denkansätze, die Ihnen weiterhelfen.

Das Wichtigste bei der Suche nach Inspirationen ist der Wechsel von der konkreten auf die abstrakte Ebene. Mit diesem Wechsel schaffen Sie es, aus dem eigenen Themenbereich auszubrechen und in einem anderen zu suchen.

Funkenflug

Provozieren Sie Geistesblitze durch zufällige Bilder

Der Funkenflug beruht auf dem kreativen Prinzip der Ablenkung. Sie stellen eine Frage und irritieren Ihren Kopf durch ein zufälliges Bild oder einen Gegenstand. Diese Irritation führt zu einer Art kreativem Kurzschluss im Gehirn. Die Folge: Ungewöhnliche, mitunter auch verrückte Ideen.

Einsatzbeispiele

- Schnell ausgefallene Ideen entwickeln, beispielsweise für Marketingaktionen oder Veranstaltungen
- Kreativworkshops oder -meetings durch eine ungewöhnliche Technik auflockern
- Denkblockaden in festgefahrenen Kreativprozessen auflösen

Einführung

Sie stehen vor der Herausforderung, eine wirklich unkonventionelle Lösung für ein neues Lifestyle-Produkt, eine Kommunikationskampagne oder ein unkonventionelles Werbegeschenk zu entwickeln. Es fällt Ihnen schwer, in den Kreativprozess einzusteigen. Ihre Gedankenansätze führen Sie einfach nicht auf den richtigen Weg.

Greifen Sie zu einer extrem schnellen, ungewöhnlichen Methode. Nutzen Sie den Zufall! Konfrontieren Sie Ihr Unterbewusstsein mit zufälligen Inspirationen: Wenn Sie Hersteller von Energiesparleuchtmitteln sind, kann sie das Bild eines Röhrenfernsehers zur Entwicklung eines besonders energieeffizienten Monitors inspirieren.

Der Funkenflug beruht auf dem kreativen Prinzip der Ablenkung. Die Quellen der Zufallsinspirationen sind unerschöpflich. Manchmal liegt solch eine Inspiration sogar auf dem Frühstückstisch! Außergewöhnliche Produkt- oder Kommunikationsideen können Sie auf diese Weise blitzartig entwickeln. Die ersten Ergebnisse des Funkenflugs sind allerdings das, was viele als »verrückt« bezeichnen. Manchmal benötigen Sie eine zweite Runde, um die ausgefallenen Ideen in die Realität zurückzubringen.

So gehen Sie vor

- Gehen Sie auf die Suche nach beliebigen Bildern und Begriffen. Schärfen Sie Ihren Blick für Zufallsinspirationen in Ihrer Umwelt.
- Verbinden Sie die Bilder und Begriffe miteinander und/oder mit Ihrer Fragestellung.
- Provozieren Sie Geistesblitze.

- Dokumentieren Sie Ihre Geistesblitze sofort! Sie entfallen Ihnen sonst schnell wieder.
- Entwickeln Sie Ihre Geistesblitze zu ausgereiften Ideen weiter.

Praxisbeispiel

Ein Wirtschaftsprüfungsunternehmen suchte in einem Workshop nach neuen Dienstleistungen für langjährig treue Kunden. Die Teilnehmer bekamen Karten mit jeweils einem Bild, zum Beispiel mit einer Bahnhofsuhr, und einem beschreibenden Begriff. Sie hatten nun die Aufgabe, in sechzig Sekunden die Zufallsinspiration mit ihrer Aufgabenstellung zu verbinden und eine Idee zu entwickeln.

Ein neuer Ideenansatz aus dieser Inspiration war ein Beratungsmodell für treue Kunden mit honorarfreier Beratungszeit. Diese Idee wurde dann später mit anderen Tools weiterentwickelt. Der Ursprung war der Geistesblitz, erzeugt durch eine Bahnhofsuhr.

TIPP

Machen Sie den Zufall zu einem Ihrer kreativsten Mitarbeiter. Nutzen Sie die Inspirationen, die Sie in Hülle und Fülle in Ihrer Umwelt finden, und entwickeln Sie kindliche Neugier. Werden Sie zum Jäger und Sammler von Bildern und Begriffen und legen Sie sich einen Pool mit Zufallsinspirationen an, die Sie dann auf beliebige Aufgabenstellungen übertragen können!

Gehen Sie bei der Suche nach Zufallsinspirationen nicht zu systematisch vor. Die Technik beruht darauf, dass Sie Ihren Kopf ablenken und dadurch Funken im Kopf erzeugen. Im Gegensatz zur Technik des Ideenschwamms, die sehr systematisch ist. Beide Techniken scheinen zwar nah beieinander zu liegen, beruhen aber auf unterschiedlichen kreativen Prinzipien: Der Funkenflug beruht auf dem Prinzip der Ablenkung, der Ideenschwamm auf dem Prinzip des Analogiedenkens.

Ideenschwamm

Saugen Sie Inspirationen systematisch auf

Mit dem Ideenschwamm »stehlen« Sie Inspirationen – allerdings ganz legal. Die Technik ist eine systematische Inspirationsrecherche. Sie dringen vom Bekannten ins Unbekannte vor: Suchen Sie zunächst nach Lösungen, die Sie kopieren. Dann nach Lösungen, die Sie umfunktionieren. Und schließlich in ganz anderen Bereichen.

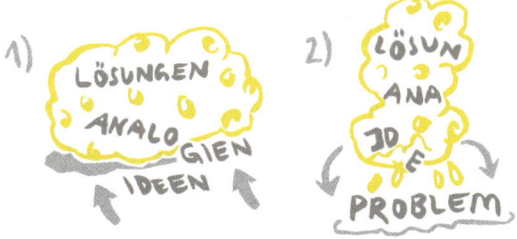

Einsatzbeispiele

- Suche nach qualitativ hochwertigen Inspirationen für fokussierte Fragestellungen
- Lösungssuche in Bereichen wie zum Beispiel der Natur (Bionik)
- Knacken von wirklich harten Kopfnüssen

Einführung

Sie sitzen vor einem weißen Blatt Papier und es kommen einfach keine Ideen. Heißt das, dass Sie nicht kreativ sind? Nein, Sie haben das gleiche Problem, das fast alle großen Künstler und Erfinder hatten beziehungsweise haben: Ein weißes Blatt Papier ist für den Kopf so inspirierend wie ein Telefonbuch. Was tun? Suchen Sie sich Anregungen aus anderen Bereichen!

Picassos Aussage »Gute Künstler kopieren, große Künstler stehlen« mag Ihnen am Anfang befremdlich vorkommen. Unweigerlich denken Sie an § 242 des Strafgesetzbuchs: »Wer eine fremde bewegliche Sache einem anderen in der Absicht wegnimmt, die Sache sich oder einem Dritten rechtswidrig zuzueignen, wird mit Freiheitsstrafe bis zu fünf Jahren oder mit Geldstrafe bestraft.« Aua, das sitzt. Wollen wir Sie ins Gefängnis bringen?

Nein. Erstens ist »Stehlen« im kreativen Sinn nicht gleich »Diebstahl«. Und zweitens tun es alle wirklich Kreativen. Forscher »stehlen« Prinzipien aus der Natur, die Industrie »stiehlt« Ideen von der US-Raumfahrtbehörde NASA und Thomas Edison übernahm bei seinen Erfindungen Denkprinzipien, die er in den Romanen von William Shakespeare fand.

Dieser »Diebstahl« ist eine Technik, die auf einem der wichtigsten kreativen Prinzipien beruht: Dem Denken in Analogien. Sie suchen nach kreativen oder schöpferischen Höchstleistungen in der Natur, anderen Branchen und Disziplinen, erkennen Parallen und übertragen diese auf Ihr Ausgangsproblem. Am Anfang wird Ihnen das vielleicht merkwürdig vorkommen: Wieso sich mit Automobilkonstruktion beschäftigen, wenn Sie doch einen Elektromotor entwickeln wollen? Lesen Sie das Praxis-

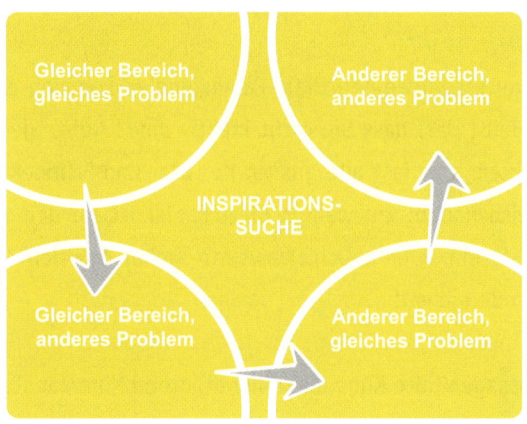

Abbildung 6: Inspiration durch Analogie

beispiel, dann wird das deutlicher. Wenn Sie die Anfangsschwierigkeiten überwunden haben, werden Sie fast intuitiv zum Ideenschwamm.

So gehen Sie vor

- Verallgemeinern Sie Ihre Suchfrage, indem Sie das Wort »generell« einfügen.
- Formulieren Sie eine klare Frage auf der abstrakten Ebene.
- Suchen Sie mit dieser klaren Frage nach Inspirationen in gleichen oder anderen Bereichen.
- Übertragen Sie die Inspirationen auf Ihre Fragestellung.

Praxisbeispiel

Einer unseren Kunden stand vor der Herausforderung, ein preiswertes Steuermodul für Elektromotoren zu entwickeln. Die perfekte deutsche Qualität war für den asisatischen Markt überdimensioniert. Das neue Gerät sollte mindestens um die Hälfte billiger sein. Die Ingenieure waren ratlos: Wie genau speckt man ein perfektes Gerät ab, ohne an der Qualität zu sparen?

Der erste Schritt bestand darin, Qualität neu zu definieren. Wir schickten die Teilnehmer als Ideenschwämme zu McDonalds und Aldi. Was sie dort mitnahmen: Qualität ist nicht automatisch das perfekte Produkt. Und auch kein hochwertiges Einkaufserlebnis. Für einen McDonalds-Kunden heißt es: Schnell satt werden. Und für einen Aldi-Kunden: Gute Qualität ohne Schnickschnack. Die Teilnehmer definierten Qualität neu: Robust und funktional, gerne auch mit der Technik von gestern.

Wie nun abspecken? Wir ließen zwei Autos vorfahren: Einen Renault und einen Dacia Logan. Der Dacia Logan ist ein äußerst preiswertes Auto mit Renault-Technik. Die Teilnehmer klebten überall dort Zettel hin, wo sie Unterschiede fanden: Im Dacia Logan gab es keine elektrischen Fensterheber, die verarbeitete Technik war mindestens zwei Generationen älter etc. Diese Konstruktionsprinzipien übertrugen sie auf die Aufgabenstellung.

Wie gut die Technik des Ideenschwamms funktioniert, haben wir daran gespürt, dass die Teilnehmer nur noch davon sprachen, das »Dacia-Modell« zu konstruieren.

Sie können auch nebenbei zum Ideenschwamm werden. »Parken« Sie ein Problem im Hinterkopf und überlegen Sie bei allem, was Sie tun, ob Sie eine passende Inspiration finden. Notieren Sie diese Inspiration. Oder noch besser: Machen Sie mit Ihrem Smartphone ein Foto davon.

Schritt 4:
Sammeln –
Geistesblitze erzeugen

»Es gibt nur einen Weg zu einer guten Idee. Viele Ideen.« [11]

Der vierte Schritt ist die Phase, die viele für die eigentliche Kreativphase halten: Die Phase der Ideengenerierung. Wenn Sie einfach nur wild brainstormen, mag das stimmen. Bei der systematischen Ideenentwicklung ist Kreativität ein wichtiger Teil des gesamten Prozesses: Sie brauchen Kreativität, um neue Chancen zu erkennen, um neue Fragestellungen zu definieren und neue Inspirationen zu finden. Auch später – wenn es darum geht, Konzepte zu optimieren und Ideen nutzbar zu machen – brauchen Sie Kreativität.

Wenn Sie gute Vorarbeit geleistet haben, generieren sich die Ideen manchmal schon fast von selbst. Gerade wenn Sie Techniken wie das Kaleidoskop verwenden, ist Ideengenerierung mehr ein Sammeln und Kombinieren von Bestehendem – weniger ein großer schöpferischer Akt. Viele große Erfindungen mögen vielleicht als Geistesblitz gekommen sein, aber die Gedanken, die diesem Geistesblitz zugrunde liegen, waren lange vorher da.

In der Phase der Ideensammlung ist es wichtig, einen mentalen »geschützten Raum« aufzubauen. Entwickeln Sie Ideen und unterlassen Sie zunächst jede Bewertung! Träumen Sie! Und hören Sie nicht auf Skeptiker und Bedenkenträger! Im vierten Schritt stören sie nur. (Im sechsten Schritt machen wir uns die Eigenschaften der Bedenkenträger dann zunutze ...) Bitte haben Sie auch keine Angst vor »schlechten« Ideen! Sie brauchen schlechte Ideen, um herauszubekommen, wo die Grenzen des Machbaren sind. Stellen Sie sich vor, Sie würden ausschließlich Ideen generieren, die Sie sofort umsetzen können. Woher wollen Sie dann wissen, ob Sie die Grenzen des Machbaren bereits erreicht haben?

Das Kaleidoskop

Nutzen Sie Edisons bevorzugte Technik zur Ideengenerierung

Über Edison wurde gesagt: Sein Kopf funktioniere wie ein Kaleidoskop. Die daraus abgeleitete Technik des kaleidoskopischen Denkens ist eine kreative Kombinationsmethode. Statt an einem leeren Blatt Papier zu verzweifeln, nehmen Sie Bestehendes und kombinieren es immer wieder neu.

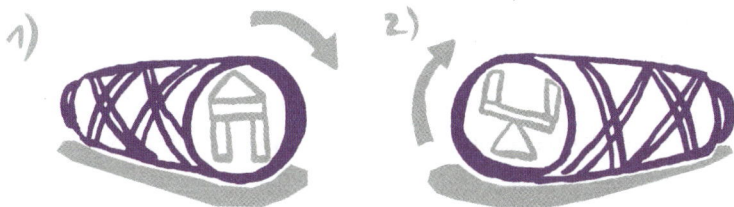

Einsatzbeispiele

- Übertragung von Inspirationen auf eine Suchfrage
- Weiterentwicklung von bereits generierten Ideen
- Aus verschiedenen Farben, Formen und/oder Funktionsweisen Neues entwickeln

Einführung

Ein Kaleidoskop hat ein ganz einfaches Prinzip: Unzählige kleine Formen werden beim Drehen immer wieder neu kombiniert und neu zusammengesetzt. Daraus entstehen neue Bilder und neue Muster. Ähnlich funktioniert das kaleidoskopische Denken: Sie können vorhandene Dinge immer wieder neu zusammensetzen. Denn die Mehrzahl aller Ideen sind letztlich Kombinationen von Bestehendem: Unterschiedliche Wissensbereiche, die im Kopf neu miteinander vernetzt werden. Die Technik des Kaleidoskops beruht auf diesem kreativen Prinzip der Kombination.

Edison kombinierte Dinge immer wieder anders und ungewöhnlich, fügte neue Inspirationen hinzu und entwickelte so Neues. Er kombinierte ein Telegrafie-Gerät mit einem Fotoapparat und konstruierte daraus eine Filmkamera. Er experimentierte mit Stimmgabeln – zum einen als Bestandteil akustischer Telegrafen, aber auch, um sie zur Stromerzeugung zu nutzen. Und aus dem Material, das er für die Entwicklung des Telefonhörers verwendete, wurde ein Teil der Glühbirne.

Wenn Sie das Kaleidoskop anwenden, entsteht jedes Mal etwas Neues. Nur dass in Ihrem Kaleidoskop eben nicht nur dreieckige und quadratische beziehungsweise die vom Hersteller vorgegebenen Formen enthalten sind, sondern dass Sie ein nahezu unendliches Spektrum an Farben, Formen, Gerüchen, Wirkungsprinzipien und Ausdrucksformen zur Verfügung haben.

So gehen Sie vor

- Formulieren Sie die Ausgangsfrage sehr klar.
- Suchen Sie zielgerichtet nach Inspirationen (Schritt 3).

- Packen Sie Ihre Inspirationen zusammen mit dem Problem in Ihr mentales Kaleidoskop. Drehen Sie und bilden Sie kreative Kombinationen.
- Wechseln Sie den Inhalt Ihres Kaleidoskops: Kombinieren Sie verschiedene Inspirationen miteinander.

Praxisbeispiel

Mit einem Hersteller von Zahnbürsten haben wir nach innovativen Produkten gesucht. Eine der Suchfragen lautete: Wie kann der Übergang zwischen Zahnschmelz und Zahnfleisch besonders schonend und gründlich gereinigt werden? Mithilfe der Technik des Ideenschwamms haben wir unzählige Vorbilder aus der Natur recherchiert: Unter anderem eine Katzenzunge. Durch speziell geformte Noppen auf ihrer Zunge schafft es eine Katze, ihr Fell besonders gründlich zu reinigen.

Nur ist der Gedanke, eine Katzenzunge im Mund zu haben, nicht wirklich appetitlich. Entsprechend haben wir das Prinzip der speziell geformten Noppen übertragen. Jetzt kommt das Kaleidoskop zum Einsatz: Mal haben wir Noppen seitlich angebracht, mal in der Mitte, mal auf dem Bürstenrücken. Mal standen die Noppen nach vorne, mal zur Seite. Mal waren sie eher weich, mal etwas härter. Wir haben das Prinzip der Noppen, das wir von der Katzenzunge »gestohlen« haben, in das mentale Kaleidoskop gebracht. So entstand nach mehreren Versuchen schließlich ein neues, zielführendes Design.

TIPP

Nutzen Sie die Kreativität unterschiedlicher Menschen beim Kombinieren. Wenn man zwei Menschen die gleichen Inspirationen beziehungsweise Ideen zum Kombinieren gibt, entsteht häufig etwas Unterschiedliches. Nutzen Sie auch nicht nur naheliegende Inspirationen, sondern entfachen Sie Geistesblitze, indem Sie Dinge kombinieren, die möglichst weit auseinander liegen.

DIAS – Denken in Analogie-Szenarien

Entwickeln Sie Ideen für etwas, wonach Sie gar nicht suchen

Die besten Ideen kommen Ihnen mitunter für Probleme, von denen Sie überhaupt keine Ahnung haben. Dieses Paradox nutzt DIAS. Sie lösen zunächst eine Aufgabe, die mit Ihrer ungefähr zu vergleichen ist. Diese daraus entstandenen Ideen übertragen Sie dann wieder auf Ihre Ausgangsfrage.

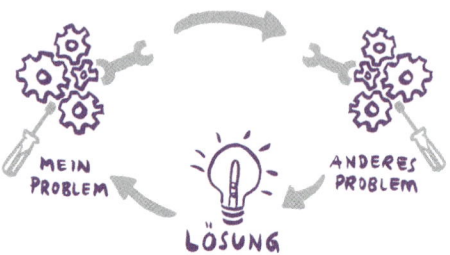

Einsatzbeispiele

- Lösen von Denkblockaden im Kopf
- Suche nach Möglichkeiten, einen Ideen-Workshop lebendiger zu gestalten und Teilnehmer in eine andere Welt zu entführen

Einführung

DIAS beruht auf dem kreativen Prinzip des Denkens in Analogien. Es ist eine Technik, die viele Kreative bewusst oder unbewusst nutzen, wenn sie eine Gedankenblockade haben oder sich eine Idee, an der sie arbeiten, nicht wirklich vorstellen können. Als Thomas Edison das System für das elektrische Licht entwickelte, konstruierte er im Geiste ein Wasserleitungssystem mit Reglern, Verzweigungen und Leitungen. Die Lösungen, die er fand, übertrug er zurück auf das System des elektrischen Lichts. Das half ihm, seine Ideen für das sehr komplexe und teilweise abstrakte Konzept eines elektrischen Lichtsystems besser zu verstehen und Ideen zu entwickeln.

Mit DIAS bauen Sie sich eine gedankliche Parallelwelt – Sie stellen sich vor, dass Sie nach etwas ganz anderem suchen, als Sie es wirklich tun, dass Sie etwas anderes konstruieren, als Sie konstruieren wollen oder in anderen Märkten tätig sind, als Sie es wirklich sind. Diese Technik funktioniert, weil Sie sich im Kopf ein Bild machen können – obwohl das, was Sie entwickeln wollen, überhaupt nicht existiert. DIAS ist eine mentale Stütze, die Sie zum einen dabei unterstützt, Ihre Ideen im Kopf zu visualisieren, und zum anderen hilft, mentale Schranken abzubauen: Häufig wissen Sie über ein Suchfeld nicht zu wenig, sondern zu viel. Sie haben alles im Kopf, was jemals von Ihnen oder von anderen ausprobiert wurde. Wenn Sie gedanklich das Feld wechseln, sind diese Blockaden plötzlich weg. Sie wissen ja nicht mehr, was nicht funktioniert ...

So geht es

- Fragen Sie sich: In welchem anderen Bereich gibt es möglicherweise ähnliche Probleme und Herausforderungen wie das, wonach ich suche?

- Formulieren Sie die Fragestellung noch einmal neu, diesmal in Bezug auf den Bereich, den Sie identifiziert haben. Das ist Ihr Analogie-Szenario.
- Entwickeln Sie nun Ideen für das Analogie-Szenario.
- Übertragen Sie die Ideen jetzt auf den Bereich, für den Sie Ideen suchen.

Praxisbeispiel

Mit der Veranstaltungsabteilung eines großen Konzerns haben wir Konzepte für innovative Kundenveranstaltungen entwickelt. Eine Aufgabenstellung war: Wie können wir das Networking zwischen den Teilnehmern verbessern? Über diese Frage hatten die Teilnehmer schon seit Jahren nachgedacht. Entsprechend haben wir ein Analogie-Szenario entwickelt. Statt Ideen zu entwickeln, wie das Networking verbessert werden kann, sollten sie Ideen entwickeln, um besonders schüchterne Teenager zusammenzubringen. Es entstanden Ideen wie die Entwicklung eines Partnervermittlers, der die Teenager aufgrund von gemeinsamen Interessen zusammenbringt. Übertragen wurde daraus der Personal Networking Assistent: Mitarbeiter, die die Aufgabe erhielten, Teilnehmer auf Basis gemeinsamer Interessen zusammenzubringen.

TIPP Setzen Sie DIAS ein, um beispielsweise während eines Ideen-Workshops zusätzlich zum kaleidoskopischen Denken eine weitere Methode zu nutzen. Sie können die Inspirationen, die Sie im dritten Schritt identifiziert haben, dazu nutzen, das Analogie-Szenario aufzubauen.

Rahmenwechsel

Verändern Sie die Bedingungen für die Ideensuche

Ideen entstehen häufig aus dem Druck der äußeren Umstände. Nutzen Sie das! Verändern Sie sie! Beim Rahmenwechsel geben Sie jeweils unterschiedliche Rahmen für die Ideensuche vor: Unterschiedliche Ressourcen und Möglichkeiten, verschiedene Situationen und Bedingungen.

Einsatzbeispiele

- Steigerung der Ideenvielfalt in einem Workshop
- Suche nach harten kreativen Kopfnüssen für radikal neue Ideen
- Suche nach Variationen von bereits generierten Ideen

Einführung

Sie entwickeln Ideen, haben aber das Gefühl, dass die Ideen noch nicht in die Richtung gehen, die Sie sich vorstellen. Sie »passen« einfach noch nicht. Mit dem Rahmenwechsel haben Sie die Möglichkeit, das Ergebnis der Ideengenerierung besser zu steuern. Verändern Sie Ressourcen, indem Sie beispielsweise Zeit knapper oder großzügiger bemessen, mehr oder weniger Geld zur Verfügung stellen. Verändern Sie Situationen, indem Sie fiktive Ereignisse vorgeben. Verändern Sie die Möglichkeiten, indem Sie bestimmte Dinge (beispielsweise technische Möglichkeiten) als gegeben voraussetzen. Und verändern Sie Bedingungen: Ideen können eine bestimmte Farbe haben, sie müssen auf einem bestimmten Prinzip beruhen, sie dürfen bestimmte Dinge nicht enthalten oder müssen so aufgebaut sein wie eine bestimmte Inspiration, die Sie im dritten Schritt recherchiert haben.

Abbildung 7: Veränderte Rahmenbedingungen

So gehen Sie vor

- Definieren Sie die veränderten Rahmenbedingungen: Welche Ressourcen, Möglichkeiten, Situationen und Bedingungen wollen Sie vorgeben?
- Verändern Sie den Rahmen.
- Stellen Sie den Teilnehmern den veränderten Rahmen vor. Geben Sie ihnen zehn bis fünfzehn Minuten Zeit, um sich in den Rahmen einzuleben.
- Entwickeln Sie Ideen für die veränderten Rahmenbedingungen.

Praxisbeispiel

Mit einem Hersteller von elektronischen Schaltungen haben wir nach Möglichkeiten gesucht, die bestehenden Anwendungen radikal zu vereinfachen. Während des Workshops haben wir die Rahmenbedingungen verändert. Teile mussten aus Konsumer-Produkten wie beispielsweise Fernsehern, Bohrmaschinen und Fernsteuerungen stammen. Die Anzahl der Teile wurde von siebzehn auf zehn reduziert. Die Teams hatten an dieser Aufgabe zu knabbern. Die Entwicklung einer einzigen Idee nahm jeweils knapp eine Stunde in Anspruch. Am Ende aber hatten die Teilnehmer das Gefühl, das Unmögliche geschafft zu haben.

Der Rahmenwechsel gehört zu den kompliziertesten Techniken der Edison-Toolbox. Sie selbst, Ihre Mitarbeiter und Kollegen beziehungsweise Ihre Workshop-Teilnehmer werden am Anfang große Schwierigkeiten haben. Die Ergebnisse entschädigen aber oft dafür. Es sind qualitativ sehr hochwertige Ideen. Sie können den Rahmenwechsel übrigens mit dem Kaleidoskop kombinieren: Zunächst generieren Sie mithilfe des Kaleidoskops Ideen, dann entwickeln Sie sie mit dem Rahmenwechsel weiter.

TIPP

Der Vulkanausbruch

Schaffen Sie fruchtbaren Boden für große Ideen durch Katastrophen-Szenarien

Falls Ihnen Ihre Ideen aus dem Rahmenwechsel noch zu nahe dran am Bestehenden sind, legen Sie jetzt noch einen drauf: Aktivieren Sie Ihr kreatives Potenzial durch die Entwicklung des schlimmsten anzunehmenden Szenarios. Zwingen Sie sich und Ihre Mitarbeiter, revolutionär zu denken.

Einsatzbeispiele

- Ideenentwicklung über naheliegende Ansätze hinaus
- Bestehende Denkmuster durchbrechen
- Denkblockaden auf provokante Art lösen

Einführung

Sie entwickeln permanent gute Ideen, die auch Potenzial haben, umgesetzt zu werden. Sie merken jedoch, dass Sie sich nur langsam vorwärts bewegen und Ihre Ideen zu kleinen »Faceliftings« führen. Die bahnbrechende Innovation ist nicht in Sicht.

Verlieren Sie sich jetzt nicht in kleinen Schritten! Bauen Sie ein Szenario auf, das Ihnen den Blick auf das Schlimmste gewährt. Auch wenn die angenommenen Szenarien höchst unwahrscheinlich sind, öffnen sie kreative Horizonte. Sie stellen bewusst einen schockierenden, aufrüttelnden Zustand her, der Sie aus der »Facelifting-Harmonie« herausreißt.

So entwickeln Sie Ideen, die in der Krise zu erfolgreichen Geschäftsmodellen werden können. Im zweiten Schritt entwickeln Sie daraus Ideen für »Friedenszeiten«.

So gehen Sie vor

- Entwickeln Sie die schlimmsten Szenarien, die Ihre Branche oder Ihr Unternehmen treffen könnten.
- Notieren Sie diese Szenarien auf Moderationskarten. Idealerweise unterstreichen Sie sie mit entsprechenden Bildern.
- Formulieren Sie gezielte Fragen nach neuen Geschäftsmodellen, Prozessen oder Produkten, die ihren Ursprung aus dem Szenario ableiten können.
- Entwickeln Sie anhand der Fragen neue, geniale Ideen!

Praxisbeispiel

Die F+E-Abteilung eines Nutzfahrzeugkonzerns entwickelte in einem Workshop Konzepte zur Gewichtsreduzierung und Kostenersparnis. Die Ideen zur Senkung des Fahrzeuggewichts kreisten um die Ansätze der letzten Jahre: Mehr Einsatz von Aluminium und Kohlefaserstoffen zu möglichst geringen Kosten. Sicher haben diese Ansätze in der Vergangenheit zu den bekannten Erfolgen geführt. Revolutionär waren die Innovationen jedoch nicht.

Im Workshop wurde nun folgendes Szenario entwickelt: Ab 2014 steigen die Kosten für Aluminium und Kohlefaserverbundstoffe auf dem Weltmarkt um das zwanzigfache an und kommen somit als Werkstoffe im Nutzfahrzeugbau nicht mehr infrage. Die neue Frage an die Teilnehmer: Wie erreichen Sie unter diesen Bedingungen Ihre Innovationsziele der Gewichts- und Kostenreduktion?

Das Ergebnis war erfrischend: Innerhalb der nächsten neunzig Minuten entwickelten die Teilnehmer bereits verworfene Konzepte mit bionischem Ansatz zur Konzeptreife. Außerdem wurden neue Ideen zu Leichtbaukonzepten mit traditionellen Werkstoffen wie Stahl entwickelt.

Die Teilnehmer waren von den Ergebnissen selbst stark beeindruckt. Sie stellten fest, dass sie ohne Vulkanausbruch niemals so konkrete Ergebnisse zu den beschriebenen Ideen erreicht hätten.

TIPP

Denken Sie immer daran, dass der Vulkanausbruch nicht gleich zu realisierbaren Ideen führt, sondern ein Katalysator ist. Die Technik dient vor allem dazu, Sie, Ihre Mitarbeiter oder Workshopteilnehmer aus der Komfortzone zu locken. In einem zweiten Schritt holen Sie die Ideen in die Realität zurück.

Der Druckkessel

Holen Sie Ihren Kopf aus der Komfortzone!

Geniale Ideen entstehen jenseits dessen, was Sie sofort hervorbringen, wenn Sie Ihren Kopf mit einer Frage konfrontieren. Mit dem Druckkessel denken Sie über den ersten naheliegenden Einfall hinaus: Verbieten Sie sich alle offensichtlichen Ideen und zwingen Sie sich zur Genialität.

Einsatzbeispiele

- Schnelle Einstiegstechnik für Workshops und Seminare
- Entwicklung neuer Ideen, die jenseits des Offensichtlichen und Bekannten liegen
- Bestehende offensichtliche Ideen zu originelleren Ideen weiterentwickeln

Einführung

Ihre Fragestellungen sind präzise formuliert und Sie beginnen sofort zu sprudeln. Im ersten Moment denken Sie, Ihre Ideen seien genial. Erst bei der kritischen Bewertung fällt auf, dass Sie eigentlich nicht über den ersten naheliegenden Einfall hinausgekommen sind. Irgendwie hatten Sie alle Ideen schon einmal – nur etwas anders. Es ist bei genauer Betrachtung eben der »erste Guss«!

Schalten Sie den Druckkessel ein! Beschreiten Sie neue Denkwege, indem Sie die alten einfach verbieten! Die gewohnten Lösungswege stehen Ihnen ab sofort nicht mehr zur Verfügung. Sie fordern Ihr gesamtes kreatives Potenzial und durchbrechen die gewohnte Routine. So entwickeln Sie Ideen jenseits des Offensichtlichen!

So gehen Sie vor

- Entwickeln Sie wie gewohnt Ihre ersten Ideen und protokollieren Sie die Ergebnisse – egal wie offensichtlich Ihnen die Einfälle erscheinen.
- Schalten Sie den Druckkessel ein und verbieten Sie sich alle bereits beschrittenen Denk- und Lösungswege.
- Beginnen Sie nun im nächsten Schritt neue Ideen zu entwickeln. Jeder neue Lösungsansatz ist jetzt erlaubt. Nur die bereits entwickelten Lösungen und die Denkwege zu ihnen sind absolut tabu!
- Wenn Sie den Druck noch erhöhen wollen, legen Sie eine Quote für die Mindestanzahl der zu erreichenden Ideen fest. Beispielsweise dreißig. Oder vierzig. Oder sogar fünfzig.
- Vergleichen Sie die Qualität und die Einzigartigkeit der Ideen mit den ersten.

- Prüfen Sie, welche Ideen Sie miteinander verknüpfen können, um das Ergebnis noch einmal zu optimieren.

Praxisbeispiel

Mit einem Touristikkonzern entwickeln wir in zwei Tagen gemeinsam mit den Führungskräften Ideen für neue Vertriebswege, die auf der Nutzung sozialer Medien basieren. Die Gruppen konnten mithilfe des Kaleidoskops in zwanzig Minuten über vierzig Ideen generieren. Darunter eine eigene Interessens-Community für Touristen, eine Beschwerdehotline auf Twitter und ein Insider-Blog von Animateuren zu den weltweit besten Kinderklubs. Der Leiter der Abteilung ist schon recht zufrieden, aber neugierig, ob noch mehr in den Köpfen seiner Führungskräfte steckt. Der Druckkessel wird angeschaltet. Bereits vorhandene Lösungen und die Denkwege, die zu ihnen geführt haben, stehen als neue Ideenansätze nicht mehr zur Verfügung. Sie sind verboten! Die Teilnehmer haben zwanzig Minuten Zeit. Die ersten Minuten verbringen die Gruppen mit der Diskussion über den Schwierigkeitsgrad dieser Methode und darüber, dass die guten Ideen ja bereits erarbeitet seien. Dann trauen Sie sich an die Lösungen außerhalb des Offensichtlichen. Beispielsweise, Reisen von Touristen entwickeln zu lassen oder Facebook-Nutzer als Vertriebsweg für Individualreisen zu nutzen (»Buche meine Reise«). Für die Tourismusbranche ein völlig neuer Weg.

TIPP

Nutzen Sie den Druckkessel immer dann, wenn Sie das Gefühl haben, dass sich ein Anflug von Zufriedenheit breitmacht. Gerade weil diese Technik ohne Vorbereitung funktioniert, können Sie sie spontan in jedem Meeting einsetzen. Wie bei einem echten Druckkessel müssen Sie nur darauf achten, dass er Ihnen nicht um die Ohren fliegt. Schalten Sie rechtzeitig ab, bevor die Köpfe Ihrer Mitdenker rot anlaufen.

Billy – Das Ideenregal

Lösen Sie mit einer genialen Idee viele andere aus

Mit Billy, dem Ideenregal, entwickeln Sie übergeordnete Kategorien für eine Idee, die Sie selbst entwickelt oder woanders gesehen haben. Sozusagen die Regalbezeichnung für Ihren Ideen-Supermarkt. Für diese Kategorien entwickeln Sie jetzt weitere Ideen. Sie füllen das Regal.

Einsatzbeispiele

- Systematische Entwicklung von Ideenclustern, zum Beispiel zum Aufbau von Produktgruppen
- Entwicklung von Ideenvariationen
- Aufbau einer Innovations-Pipeline, Systematisierung vorhandener Ideen

Komplexität	Aufwand für Vorbereitung	Output
hoch	hoch	Qualität
niedrig	gering	Quantität

Einführung

Stellen Sie sich einen Supermarkt vor. Produkte sind in Regale zusammengefasst und mehrere Regale schließlich zu Abteilungen. Um einen neuen Supermarkt aufzubauen, gibt es zwei Wege. Sie überlegen, welche Abteilungen Sie haben wollen, welche Regale Sinn machen und bestücken dann die Regale mit Produkten. Sie können aber auch anders vorgehen. Sie nehmen ein ausgefallenes arabisches Gewürz, mit Vanille aromatisierten Kaffee und Schokolade für Hunde. Jetzt überlegen Sie, in welche Regale diese Produkte passen würden. Das arabische Gewürz kommt entweder in das Regal »Exotische Gewürze zum Entdecken« oder aber in das Regal »Produkte aus dem Nahen Osten«. Der Vanillekaffee kommt entweder in das Regal »Kaffeespezialitäten« oder das Regal »Alles aus Vanille«. Dann füllen Sie die Regale mit anderen ausgefallenen Spezialitäten. Genauso funktioniert die Technik Billy – das Ideenregal. Stellen Sie sich vor, Sie bauen einen Ideen-Supermarkt auf. Sie sehen eine Idee, entwickeln die Kategorienbezeichnung für das Regal und füllen das Regal im Kopf mit anderen Ideen.

So gehen Sie vor

- Suchen Sie nach Ideen, die in etwa das repräsentieren, was Sie suchen. Vielleicht sind Ihnen auch in der Vergangenheit einmal Ideen aufgefallen. Sammeln Sie sie.
- Bilden Sie für jede der Ideen eine Kategorie. Denken Sie daran, dass Sie einen Ideen-Supermarkt mit möglichst originellen Regalbezeichnungen haben wollen. Diese Vorstellung hilft Ihnen dabei, denn der Sprung von der konkreten auf die abstrakte Ebene ist recht anstrengend.

- Jetzt haben Sie die Regalbezeichnung und einen »Artikel« im Ideenregal. Überlegen Sie jetzt, mit welchen anderen Ideen Sie das Regal füllen könnten.

Praxisbeispiel

Einer unserer Kunden suchte nach einer originellen Geschäftsidee. Statt eines üblichen Workshops haben wir eine Ideen-Rallye durch die Innenstadt von Berlin veranstaltet. Die Workshop-Teilnehmer kamen mit unterschiedlichsten Produkten wieder zurück, denen sie – das war die Aufgabe – bereits eine neue Kategorie zugeordnet hatten. Die einen kamen mit einem besonderen Salz, das laut Hersteller knapp eine Million Jahre alt war. Sie entwickelten die Kategorie »Älter als eine Million Jahre«. Mit aufgenommen in das Ideenregal wurden Wasser aus den tiefen Eisschichten der Antarktis, das eingefroren wurde, als es noch keine Umweltverschmutzung gab, Schmuck aus versteinertem Holz und ein Neandertalermenü. Das war zwar noch nicht ganz so alt, aber so genau haben es die Teilnehmer nicht genommen. Andere kamen mit einem Rückengurt aus dem Sanitätshaus, der im Gegensatz zu vielen anderen Exemplaren durchaus chic war. Die Kategorie, die sie entwickelten, hieß »Lifestyle Gesundheitsprodukte«. Daraus entstand die Idee, ein Sanitätshaus neu zu erfinden, statt Menschen mit Anfang dreißig, die Knie- oder Rückenprobleme haben, in ein Sanitätshaus zu schicken und gleichzeitig dort Produkte wie einen Rollator zu verkaufen. Die Idee war also ein Geschäftskonzept für Lifestyle Gesundheitsprodukte.

TIPP Die schwierige Kreativleistung bei dieser Methode ist im Verhältnis nicht das Entwickeln von Ideen, sondern die Definition der Kategorie. Je origineller und einzigartiger die Kategorienbezeichnung, desto origineller und einzigartiger werden später die Ideen.

Schritt 5:
Optimieren – Von der
Idee zum Konzept

»Ich bin nicht gescheitert. Ich habe nur 10.000 Wege gefunden, die nicht funktionieren.«

Der fünfte Schritt ist die Stunde der Tüftler. Es geht darum, ein Konzept so lange zu »kneten« und daran zu feilen, bis es perfekt ist. Ohne dieses ständige Optimieren, ohne ein kritisches Hinterfragen und ohne die Einstellung, es trotz eines Rückschlages doch noch einmal zu versuchen, ist das beste Konzept nichts wert. Edison begann manche seiner Erfindungen übrigens erst an diesem Schritt. Er suchte förmlich nach Konzepten, die andere begonnen und dann aufgegeben haben. Er machte nicht einmal ein Geheimnis daraus, sondern sagte selbstbewusst: »Die meisten meiner Ideen stammten ursprünglich von Leuten, die sich nicht die Mühe gemacht haben, sie weiterzuentwickeln.« Das können übrigens auch Sie machen: Falls Sie irgendwo noch Ideen herumliegen haben, die Sie ausprobiert haben oder die in Ihrem Unternehmen ausprobiert wurden und die beim ersten Mal nicht funktioniert haben, probieren Sie es noch einmal.

Der fünfte Schritt ist derjenige, für den Sie am meisten Geduld und die höchste Frustrationstoleranz benötigen. Scheinbar unlösbare Details werden Sie zur Verzweiflung treiben und Ihr innerer Schweinehund wird sich melden: »Gib auf! Mach etwas Schöneres …« Wichtig ist: Nicht aufgeben! Um die Glühbirne zu entwickeln, brauchte Thomas Edison knapp 9.000 Versuche. Als er nach dem tausendsten Versuch gefragt wurde, ob er nicht gescheitert sei, antwortete Edison: »Ich bin nicht gescheitert. Wir kennen jetzt tausend Wege, wie man keine Glühbirne baut.«

GOLD-Test

Der intuitive Schnelltest für Ihre Ideen

Unterziehen Sie Ihre Ideen aus dem letzten Schritt einer Erstbewertung. Der GOLD-Test ist eine schnelle Methode, um die Spreu vom Weizen trennen. Überprüfen Sie, welche Ihrer Ideen genial, originell, leicht verständlich und denkbar sind. Nur die besten Ideen nehmen Sie für die Phase der Optimierung.

Einsatzbeispiele

- Erster intuitiver Schnelltest für Ideen
- Eine hohe Anzahl von Ideen auf wenige ausgesuchte reduzieren
- Entscheidungshilfe, welche Ideen zu konkreten Konzepten weiterentwickelt werden sollen

Einführung

Sie haben Ideen entwickelt, eventuell schon erste Bewertungen vorgenommen und wollen nun die nächsten Schritte in Richtung Konzeption gehen. Wie wollen Sie das schaffen? Sie haben viel zu viele Ideen! Um sich in der Phase der Optimierung auf die wichtigsten Ideen zu konzentrieren, filtern Sie die Ideen mit dem GOLD-Test. Er ist eine intuitive Methode der Ideenbewertung, die schnell geht. Eine detaillierte Methode wie die Kriterienanalyse nehmen Sie erst in den späteren Schritten vor.

	Ja	Nein
Genial: »Die Idee ist herausragend und überlegen.« Haben Sie »Nein« angekreuzt? Vielleicht ist es doch nur eine Durchschnittsidee. Wenn Sie die nicht haben wollen: Streichen!	☐	☐
Originell: »Meine Idee ist in dem Zusammenhang, in dem ich sie präsentiere, wirklich neu.« Haben Sie »Nein« angekreuzt? Überlegen Sie noch einmal kurz, ob Sie in der Konzeptphase neue Ideen hinzufügen können. Wenn nicht: Streichen!	☐	☐
Leicht verständlich: »Meine Idee ist einfach, verständlich und in wenigen Worten auszudrücken.« Haben Sie »Nein« angekreuzt? Überlegen Sie noch einmal, ob Sie die Idee besser auf den Punkt bringen können. Wenn nicht: Streichen!	☐	☐
Denkbar: »Wenn mich jemand fragt, warum meine Idee Erfolg haben könnte, fallen mir sofort gute Argumente ein.« Haben Sie »Nein« angekreuzt? Wenn Sie nicht an Ihre Idee glauben, wird es auch niemand anders tun! Können Sie starke Argumente entwickeln? Wenn nicht: Streichen!	☐	☐

So gehen Sie vor

- Analysieren Sie Ihre Idee schonungslos nach den vier oben beschriebenen Kriterien. Es gibt kein »vielleicht«. Nur ja oder nein.
- Sortieren Sie die Ideen aus, bei denen nicht alle Felder auf »ja« stehen.
- Falls jetzt keine Ideen mehr übrig sind, suchen Sie nach denen, bei denen Sie mindestens drei Mal »ja« angekreuzt haben.
- Überlegen Sie, ob Sie die Idee so verändern können, dass sie auch das vierte »ja« erhält.

Praxisbeispiel

Sie haben für einen Sportschuh Ideen für neue Sohlen entwickelt. Als Ingenieur haben Sie eine superkomplexe Nanomaterialstruktur entwickelt. Aus Ihrer Sicht genial, sehr originell, langfristig auch denkbar – nur leider versteht kaum jemand den Nutzen. Arbeiten Sie die Nutzenargumente heraus. Wenn Ihnen das nicht gelingt, streichen Sie die Idee. Genauso gehen Sie vor, wenn Sie sich als Designer eine grüne Sohle in Dinosaurier-optik ausgedacht haben. Schnell zu verstehen, originell, durchaus denkbar. Bei der Frage, ob die Idee »genial« – also anderen Sohlen deutlich überlegen – ist, fällt die Sohle durch. Sie überlegen, ob Sie die Sohle mit einer neuen Funktionalität verbinden können – wenn nicht streichen Sie sie von der Liste.

Schalten Sie bei der Bewertung auf unscharf und vergessen Sie, dass es Ihre eigene Idee ist. Oder besser: nehmen Sie sich einen unbeteiligten Partner dazu für mehr Objektivität.

TIPP

Verwandlungsbox

Entwickeln Sie kreative Konzeptvarianten

Mit der Verwandlungsbox entwickeln Sie clevere Konzeptalternativen. Definieren Sie zunächst, was Sie an einer Idee alles verändern können: Die Größe, die Farbe, das Design, den Namen, die Materialien etc. Und erarbeiten Sie dann verschiedene Varianten des gleichen Konzepts.

Einsatzbeispiele

- Kreative Modellierung bestehender Konzepte
- Entwicklung von Konzeptvarianten, Testen verschiedener Umsetzungsmöglichkeiten
- Eine gescheiterte Idee aufgreifen und in anderer Form zum Erfolg führen

Komplexität	Aufwand für Vorbereitung	Output
hoch	hoch	Qualität
niedrig	gering	Quantität

Einführung

Sie haben Ihr erstes Konzept fertig entwickelt: Die Details Ihrer Idee sind ausgearbeitet, der Nutzen definiert und die Zielgruppe festgelegt. Bei Produkten haben Sie erste Designentwürfe gemacht, bei Geschäftsmodellen Wege festgelegt, Umsätze zu erzielen, und bei Prozessverbesserungen innovative Lösungsansätze ausgearbeitet. Das Potenzial Ihres Konzepts ist für Sie offensichtlich. Doch einzelne Elemente sind nicht einzigartig genug, zu allgemein beschrieben oder inhaltlich nicht restlos überzeugend.

Verwandeln Sie die Elemente Ihres Konzepts so, wie es Edison bei der Entwicklung des Glühfadens tat. Fügen Sie in jede Spalte veränderbare Merkmale Ihrer Idee ein. Kann das Material verändert werden? Dann definieren Sie »Material« in der ersten Spalte. Ist die Form der Idee unterschiedlich denkbar? Dann schreiben Sie »Glühfadenform« in die zweite Spalte. Ist die Größe Ihrer Idee veränderbar? Dann schreiben Sie zum Beispiel »Fadendicke« in die dritte Spalte etc.

Merkmal 1: Material	Merkmal 2: Glühfadenform	Merkmal 3: Fadendicke
Kohlefaden	gerade	sehr dünn
Bambus	gebogen	dünn
Platin	gezwirbelt	mittel
Kupfer	gedreht	dick

Bilden Sie verschiedene Querverbindungen. Ein Glühbirnenkonzept mit einem dicken geraden Draht aus Kupfer. Eines mit einem dünnen gebogenen Bambusfaden. Oder eine mit einem sehr dünnen gezwirbelten Platindraht. Edison probierte übrigens alle Varianten!

So gehen Sie vor

- Zerlegen Sie Ihre Idee in die Bestandteile.
- Legen Sie eine Matrix mit beliebig vielen Spalten an.
- Achten Sie bei der Entwicklung der Zeilen darauf, dass Sie mindestens vier neue Begriffe in die Tiefe entwickeln.
- Füllen Sie die Matrix mit Alternativen.
- Erarbeiten Sie aus den neuen Variationen einzigartige Konzeptmöglichkeiten.

Praxisbeispiel

Ein Unternehmen für intelligente Verpackungssysteme beauftragte einen Workshop zur Weiterentwicklung und Optimierung von Ideen, die zuvor in einem internen Kreativmeeting entwickelt worden waren. Eine davon: Eine Leichtverpackung mit einem völlig neuartigen Öffnungsmechanismus für Herzkatheder. Das Problem: Die Idee war in Teilen schwer verständlich und überzeugte nicht. Die neue Verpackung kommt in die Verwandlungsbox. Eine Stunde später sind aus einem Konzept fünf entstanden, das beste wurde ausgesucht: Die Größe der Verpackung ist klar definiert und ergonomisch auf das Handling des medizinischen Personals abgestimmt. Das Material für den Öffnungsmechanismus ist durch eine preisgünstigere Alternative ersetzt worden.

TIPP Wenn es Ihnen am Anfang schwerfällt, nicht verzweifeln. Die Definition der Spalten ist bei dieser Technik die Schwierigkeit, das Ausfüllen dagegen leicht.

Zerrspiegel

Erreichen Sie mehr Varianz durch Aufblasen, Einschrumpfen oder Verbiegen

Ein Zerrspiegel verändert das Bild nie komplett. Er fügt nie etwas hinzu oder lässt etwas weg, er spielt nur mit den Dimensionen. Spielen Sie mit den Dimensionen Ihrer Konzepte, um mehr Variationen zu erreichen. Orten Sie rechtzeitig verborgenes Potenzial oder unerwartete Hürden.

dick   optimal   dünn

Einsatzbeispiele

- Suche nach besseren Varianten der gleichen Idee
- Entwicklung von Produktlinienerweiterungen
- Kreative Modellierung bestehender Konzepte

Komplexität	Aufwand für Vorbereitung	Output
hoch	hoch	Qualität
niedrig	gering	Quantität

Einführung

Sie sind bereits weit gekommen, haben gute Ideen und Konzepte und wollen sie jetzt noch einmal grundlegend verändern. Mit dem Zerrspiegel können Sie die einzelnen Dimensionen Ihrer Idee dadurch verändern, dass Sie ihre Größe oder ihre Erscheinungsform verändern. Im Gegensatz zur Verwandlungsbox fügen Sie keine neuen Merkmale hinzu und entwickeln auch keine Alternativen. Sie bleiben bei den gleichen Merkmalen, verändern jedoch die Ausmaße und damit die Dimensionen Ihres Konzepts.

Sie können sich eine gedankliche Stütze bauen, indem Sie an ein typisches Auto der Kompaktklasse denken: Einen VW Golf oder einen Opel Astra. Flachgedrückt ist ein Sportwagen, langgezogen ein Kombi, höher und breiter ein SUV, komprimiert wird das Auto zum Mini und, wenn Sie das Hinterteil im Zerrspiegel schrumpfen, zum Smart. Für Autoenthusiasten hinkt der Vergleich vielleicht, aber als Gedankenstütze funktioniert das Bild allemal.

So gehen Sie vor

- Legen Sie zuerst die Dimensionen fest, die Sie verzerren möchten. Einige Beispiele sind Kundenanzahl, Preis, Investment, Nutzungsdauer, aber auch klassische Dimensionen wie Größe oder Gewicht.
- Verändern Sie nun die festgelegten Stellschrauben schrittweise in die eine oder andere Richtung und überlegen Sie, was sich dadurch für Ihre Idee ändert. Welche neuen Chancen tun sich auf, welche Grenzen sind ersichtlich, wo sitzt verborgenes Geschäft?
- Arbeiten Sie verschiedene Konzepte mit den verschieden geformten Dimensionen aus.

Praxisbeispiel

Ein Reiseveranstalter sucht nach Wegen, um neue Kundenkreise für Campingurlaub zu begeistern. Die Idee besteht darin, selbst einen Campingurlaub – allerdings à la Pauschalreise – anzubieten und zumindest teilweise zum Betreiber zu werden. Um mehr Varianten zu entwickeln, wird an den Stellschrauben Kundenanzahl und Investment gedreht.

Stellschraube Investment		
Gering: Mit ansässigen Campingplätzen, Restaurants und Dienstleistern gemeinsam ein Angebot entwickeln	Mittel: Ansässige Campingplätze durch exklusive Zusatzangebote erweitern, zum Beispiel durch organisierte Ausflüge oder Sportevents	Hoch: Einen super exklusiven Campingplatz in besonderer Lage (beispielsweise Anden Hochplateau) schaffen, gespickt mit einzigartigen Zusatzangeboten

Stellschraube Kundenanzahl		
Gering: Das pauschalisierte Individualisten-Survival-Camp in einer abgesperrten Fläche tief im Amazonas	Mittel: Standard-Campingurlaub als Pauschalangebot	Hoch: Das eigene Festival mit hunderttausend Pauschaltouristen, die über zehn Tage zu hundert Bands feiern.

Trennen Sie die neu gewonnenen Varianten abschließend klar voneinander, indem Sie neue Titel vergeben, anstatt es bei »Idee X – Var. 1-5« zu belassen. So gewinnen Sie zusätzliche Trennschärfe.

TIPP

Kriterienanalyse

Machen Sie den gründlichen Test für Ihre Konzepte

Ideen und Konzepte sind nicht pauschal gut oder schlecht. Der eine sucht schnell umsetzbare Ideen, der andere denkt langfristig und visionär. Der eine bevorzugt Sicherheit, der andere ist risikobereiter. Die Kriterienanalyse hilft Ihnen zu erkennen, welche Idee für Sie die beste ist.

Einsatzgebiete

- Finale Auswahl der zehn bis zwanzig besten Konzepte
- Klarheit über die eigenen Prioritäten verschaffen
- Konsensentscheidungen herbeiführen

Einführung

Sie haben die Qual der Wahl. Zwischen zehn und zwanzig fertig ausgearbeitete Konzepte liegen vor Ihnen. Natürlich haben Sie ein Bild von Ihrem Traumkonzept: möglichst wenig Risiko, geringe Investition, absolut neu und dennoch bewährt. Im Idealfall setzt sich das Konzept praktisch von alleine um, Erfolge sind auf drei Jahre mit Punkt und Komma berechenbar. Ihnen ist aber klar, dass das so realistisch ist wie ein Staubsauger und eine Kaffeemaschine in einem Gerät. Sie wollen das Konzept unter verschiedenen Gesichtspunkten durchdenken. Dabei hilft die Kriterienanalyse.

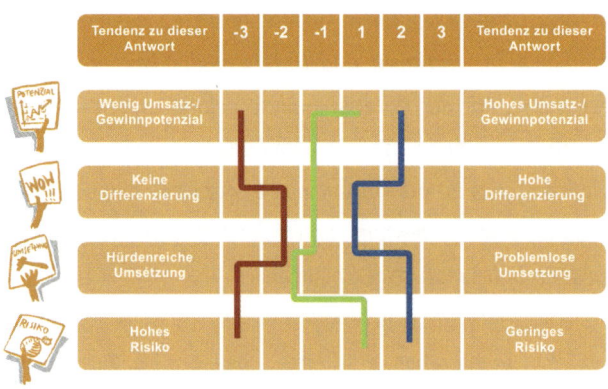

Tendenz zu dieser Antwort	-3	-2	-1	1	2	3	Tendenz zu dieser Antwort
Wenig Umsatz-/ Gewinnpotenzial							Hohes Umsatz-/ Gewinnpotenzial
Keine Differenzierung							Hohe Differenzierung
Hürdenreiche Umsetzung							Problemlose Umsetzung
Hohes Risiko							Geringes Risiko

IDEE A   IDEE B   IDEE C

Abbildung 8: Beispiel Kriterienanalyse

So gehen Sie vor

- Definieren Sie die wichtigsten Kriterien, die Ihnen bei der Bewertung wichtig sind.
- Bilden Sie Gegenpole (siehe Grafik).
- Bitten Sie Kollegen, Fragen wie die Investitionshöhe und das Risiko einzuschätzen.

- Bitten Sie Kunden, den Nutzen sowie beispielsweise die Bedienerfreundlichkeit einzuschätzen.
- Führen Sie die Ergebnisse zusammen. Bewerten Sie die Ideen nach den verschiedenen Kriterien. Erkunden Sie so, was Ihnen am wichtigsten ist.

Einsatzbeispiel

Bei der Auswertung der Ideen eines Nahrungsmittelherstellers ergab sich ein gemischtes Bild. Die Ideen, die alle begeisterten, galten als Risiko. Andere Ideen waren mit geringem Risiko bewertet worden, lösten dafür aber wenig Begeisterung aus. Als das Team eingab »schnell umsetzbar mit geringen Investitionen« standen andere Ideen an der Spitze, als wenn das Kriterium »Einzigartigkeit und Unterscheidbarkeit im Markt« höher gewichtet wurde. Mit der Kriterienanalyse gelang es dem Unternehmen, den Zielkonflikt klar zu beschreiben. Am Ende wurde ein Innovationsportfolio entwickelt, das zu 60 Prozent aus bewährten, schnell umsetzbaren und risikoarmen Ideen bestand und zu 40 Prozent aus einzigartigen, risikoreicheren und langfristigeren Ideen.

TIPP

Definieren Sie nicht nur rationale Kriterien! Überlegen Sie, auch »weiche« Faktoren wie »löst Begeisterung aus« oder »spannend« vs. »langweilig« in die Bewertung mit aufzunehmen. Am Ende nützt es Ihnen wenig, wenn Ideen zwar auf der rationalen Seite überzeugen, sich aber niemand im Unternehmen dafür begeistern kann. Oder wenn Kunden sagen: Ja, nett, aber irgendwie langweilig... Nutzen Sie die Kritierienanalyse auch, um innerhalb Ihres Unternehmens zu klären, welche Ziele Priorität haben.

Schritt 6:
Nutzen – Umsetzungs-
strategien entwickeln

»Viele der Fehlschläge des Lebens stammen von Menschen, die nicht merkten, wie dicht sie am Erfolg dran waren, als sie aufgaben.« [12]

Stellen Sie sich vor, Sie wären Thomas Edison. Sie haben in mehreren tausend Versuchen eine perfekt funktionierende Glühbirne entwickelt. Sie sind stolz darauf. Und trotzdem merken Sie, dass etwas fehlt. Richtig: Strom. Eine Glühbirne ist ohne das sie unterstützende System drum herum nichts wert: Stromgeneratoren, Leitungen, Sicherungen, ein Vermarktungskonzept und Produktionsanlagen zur Herstellung. Ähnlich ist es mit vielen Ihrer Ideen. Alleine sind sie nichts wert. Um Ihre Idee zu nutzen, müssen Sie weitere Ideen entwickeln – und all das erfinden, was es braucht, damit die Idee umgesetzt werden kann. Dieser sechste Schritt ist das, was letztlich den Unterschied zwischen einer genialen Erfindung und einer erfolgreichen Innovation ausmacht.

Zudem werden Sie schnell merken: Die Welt hat nicht auf Ihre Idee gewartet! Sie haben Wochen, vielleicht sogar Monate damit verbracht, Ihre Idee zu perfektionieren. Und Sie sind voll von ihr überzeugt. Doch die, denen Sie Ihre Idee verkaufen wollen, sagen: »Ja, ich finde das auch gut. Aber irgendwie mag ich mich von dem, was es schon gibt, nicht lösen.« Ja, das ist leider so. Menschen sind träge. Lieber das schlecht Funktionierende weiter nutzen als etwas Neues auszuprobieren.

Um Ihre Idee zu nutzen, müssen Sie weitere Ideen entwickeln – und all das erfinden, was es braucht, damit die Idee umgesetzt werden kann. Und Sie müssen Ihre Kreativität darauf verwenden, die Welt von Ihrer Idee zu überzeugen. Dieser sechste Schritt ist das, was letztlich den Unterschied zwischen einer genialen Erfindung und einer erfolgreichen Innovation ausmacht.

Die Felsbrocken-Technik

Lassen Sie sich große Steine in den Weg legen!

Wie oft haben Sie über Bedenkenträger gedacht: »Die legen mir nur Steine in den Weg!« Mit der Felsbrocken-Technik werden Bedenkenträger plötzlich zu Ihren Verbündeten! Bitten Sie darum, dass man Ihnen Felsbrocken in den Weg legt. Und entwickeln Sie Ansätze, um sie aus dem Weg zu räumen.

Einsatzbeispiele

- Konzepttest durch den kritischen unvoreingenommenen Blick von außen
- Entwicklung von Umsetzungsstrategien für Ideen und Konzepte
- Überzeugung von Bedenkenträgern innerhalb Ihres Unternehmens

Einführung

Natürlich sind Sie von Ihrer Idee überzeugt. Sie halten sie für genial und sind stark beeindruckt. Schließlich haben Sie sie zur Welt gebracht! Da ist es natürlich, dass Sie auf Kritik möglicherweise gereizt reagieren. »Was erdreistet sich dieser Mensch, der keine Ahnung von der Genialität meiner Idee hat, mit so einer saublöden Kritik zu kommen?!« Oder Sie denken: »Na typisch, der Müller wieder! Keine eigenen Ideen, aber alle anderen kleinmachen!«

Dummerweise schadet falscher Erfinderstolz an dieser Stelle mehr, als er nützt. Was hilft Ihnen die genialste Idee, wenn Sie Ihre Umwelt nicht mitnehmen? Sie haben sich so lange mit Ihrer Idee auseinandergesetzt, dass Sie der Realität inzwischen weit voraus sind. Sie haben sie schon so sehr durchdacht, dass Sie sie förmlich vor sich sehen. Zweifler und Bedenkenträger sind häufig nicht mehr als ein Spiegelbild derer, die noch nicht an dem gleichen Punkt wie Sie sind.

Haben Sie den Mut, Ihre Ideen infrage zu stellen. Gehen Sie noch einen Schritt weiter und lassen Sie es andere tun! Wenn Sie es jetzt nicht tun, wird es der Markt mit gerechter Eigendynamik erledigen. Die Chancen zur Nachbesserung sind dann häufig vorbei!

Warum wird dieser Schritt so häufig übergangen? Die Antwort ist einfach: Wer stellt schon gerne sein eigenes »Baby« infrage?

So gehen Sie vor

- Suchen Sie sich Kritiker aus, die fundiert und fair (aber hart!) Ihre Idee auseinandernehmen.

- Setzen Sie Ihre Ergebnisse der konstruktiven Kritik möglichst vieler Außenstehender aus.
- Wehren Sie nicht ab, sondern fragen Sie nach: Bitten Sie um Konkretisierung und eine prägnante Begründung der Kritik.
- Tragen Sie die Kritikpunkte zusammen.
- Bewerten Sie sie nach der Methode: Koloss, Kiesel oder Krümel.

Das Gegenargument ist ...	Das bedeutet ...	Konsequenz
Ein Koloss	Das Argument wiegt schwer wie ein Koloss, den Sie nicht zur Seite rücken können. Sie müssen sich eingestehen, dass Sie mit Ihrer Idee an diesem Koloss nicht vorbeikommen.	Sofort beerdigen! Auch wenn es weh tut: Diese frühe Erkenntnis ist das Beste, was Ihnen passieren konnte.
Kiesel	Die Kritik ist gut. Letztlich aber hat sie das Gewicht von Kieselsteinen. Es ist mühsam, diese kleinen Steine nach und nach aus dem Weg zu räumen, aber machbar.	Sie haben etwas Wichtiges übersehen und wichtige Hinweise zur Optimierung erhalten. Jetzt heißt es: verbessern! Immer und immer wieder. Bis alle Kieselsteine weg sind.
Krümel	Die Kritik perlt an Ihnen ab. Sie ist Ihrer Meinung nach unberechtigt. Sie können alle Argumente wie Krümel wegpusten.	Nichts. Tief durchatmen, ignorieren und weitermachen.

Praxisbeispiel

Das Team eines Energieversorgers entwickelt eine Idee zur Neuauflage und Vermarktung eines Stromtarifs, der als Ladenhüter gilt. Die Idee ist bereits im Konzeptstadium: Sie ist mit einem prägnanten Titel versehen, präzise beschrieben und mit einer klaren Nutzenargumentation unterlegt. Jetzt lässt das Team die Idee durch Kunden des Unternehmens, Mitarbeiter aus dem Servicecenter und ein Mitglied der Geschäftsleitung zerreißen. Der Schriftführer protokolliert Fragen und Einwände wie:

- *»Was an dem Konzept ist wirklich revolutionär neu?«*
- *»Die Zielgruppe für diesen Tarif ist aus meiner Sicht zu klein!«*
- *»Nicht von ungefähr war das ein Ladenhüter. Was ist jetzt der entscheidende Unterschied?«*
- *»Der einzigartige Vorteil für mich als Kunde erschließt sich mir noch nicht!«*
- *»Wie sollen die Mitarbeiter für dieses Vertriebskonzept qualifiziert werden?«*

Bereits während das Entwicklerteam das Konzept verteidigt, entstehen beinahe von selbst Ideen zur Optimierung und Weiterentwicklung. Nach circa fünfundvierzig Minuten haben die Externen ihr kritisches Feuerwerk abgebrannt und die Ideenentwickler sind sichtlich ins Schwitzen gekommen. Beinahe jeder Kritikpunkt führt zur einer Vertiefung, Weiterentwicklung und Optimierung des Konzeptes.

TIPP   Werten Sie jeden einzelnen Kritikpunkt als Chance, Ihre Idee zu verbessern. Jeder konstruktive Angriff ist ein Geschenk und ein Meilenstein auf dem Weg in Richtung Perfektion.

Das schwarze Loch

Bringen Sie in Erfahrung, was Sie nicht wissen

Wissen Sie, was Sie alles nicht wissen? Jede Wette, dass nicht. Das sogenannte »unbekannte Unwissen« führt häufig dazu, dass wir Ideen vorschnell ablehnen. Weil wir nicht ahnen, dass wir gar nicht wissen, wie sie funktionieren könnten. Hier hilft die Technik des schwarzen Lochs.

Einsatzgebiete

- Entwicklung von Umsetzungsstrategien für Ideen und Konzepte
- Entwicklung von Lösungsstrategien zur Überwindung von Hindernissen
- Überzeugung von Bedenkenträgern innerhalb Ihres Unternehmens

Einführung

Sie haben Ihre Idee gefunden und das Konzept optimiert. Jetzt überlegen Sie, wie sich die Idee bestmöglich umsetzen lässt. Dabei werden Sie immer wieder gefragt: »Wie genau sieht der Plan aus?« Wenn Sie ehrlich zu sich selbst sind, müssen Sie zugeben, dass Sie noch keinen so richtig fundierten Plan haben. Sie wissen nicht, ob es geht. Noch schlimmer: Sie wissen nicht, wo sie anfangen sollen, um Ihre Wissenslücken aufzudecken.

Wie auch? Sie arbeiten an etwas, das es noch nicht gibt. Und je visionärer Ihre Idee ist, desto größer Ihr Unwissen. Manchmal frustriert das: Alle anderen um einen herum haben scheinbar ganz klare Wege vor Augen, sie wissen, was funktioniert und was nicht, und sie sind überzeugt von dem, was sie tun. Kein Wunder. Die meisten Menschen bewegen sich auf hundertprozentig bewährten Wegen und kämen niemals auf die Idee, in Alternativen zu denken. Da haben Sie es als Mensch mit neuen Ideen ungleich schwerer!

Das schwarze Loch hilft Ihnen dabei, das sogenannte »unbekannte Unwissen« (Sie wissen nicht, was sie nicht wissen) in »bekanntes Unwissen« (Sie wissen, was Sie nicht wissen) zu verwandeln. Damit haben Sie zwar die Lösung noch nicht auf der Hand, wissen aber, wonach Sie suchen. Das hilft Ihnen, Ideen in die Praxis umzusetzen.

So gehen Sie vor

- Überlegen Sie, was Sie über die Idee beziehungsweise über die Umsetzung der Idee alles nicht wissen.
- Notieren Sie all die Punkte, die Sie nicht wissen.

- Sortieren Sie Ihre Wissenslücken. Überlegen Sie, welche Informationen Sie in welcher Reihenfolge beschaffen müssen, um weiterzumachen.
- Entwickeln Sie Ideen, wie Sie an die Informationen herankommen.

Praxisbeispiel

Mit einem Hersteller von Heizöfen haben wir Konzepte für Geräte entwickelt, die über ein WLAN-Modul mit dem Internet verbunden sind. Die erste Frage der Vertriebspartner lautete: »Was soll das denn?« Die Vorteile der Innovation waren nicht ersichtlich. Um das Gerät für die Partner attraktiv zu machen, entwickelten wir ein Vertriebsprogramm, das darauf basierte, Heizungsbauern die neuen Möglichkeiten der vernetzten Zukunft und des Internets der Dinge aufzuzeigen. Mit dem schwarzen Loch notierten die Verantwortlichen, was ihre Vertriebspartner nicht wussten. Wie werden Heizungsanlagen künftig mit anderen Energiegeräten kommunizieren? Welche Service- und Geschäftsmodelle ergeben sich aus der Vernetzung? Welche Anforderungen werden Heizungsbauer in fünf Jahren haben? Aus diesen Fragen entstand das Seminarprogramm.

TIPP

Gerade wenn Sie sich länger mit einem Thema auseinandergesetzt haben, verlieren Sie den wertvollen Blick des Außenseiters. Beziehen Sie deshalb auch Kollegen, Freunde und Partner in den Prozess ein. Je mehr Menschen Sie die Frage »Was würdest Du gerne wissen?« stellen, desto größer ist die Chance, dass Sie die entscheidenden Hinweise zur Informationsrecherche erhalten.

Zusammenfassung: Wann wende ich welche Technik an?

Im nächsten Kapitel erfahren Sie, wie Sie die Methoden dieses Buchs systematisch im Rahmen eines Sechs-Wochen-Programms anwenden können. Sie führen alle Schritte – vom Erkennen der Chancenfelder bis zum Nutzen der Konzepte – Schritt für Schritt durch. Sie können die Tools aber auch einzeln anwenden. Diese Übersicht hilft Ihnen zu entscheiden, wann Sie welches Tool anwenden können.

Die frühe Phase der Ideenentwicklung Ihre Situation	Die Tools
Sie suchen nach Ansatzpunkten zur Optimierung beziehungsweise Entwicklung von Produkten, Geschäftsmodellen oder Prozessen.	Der Kopfstand (S. 22), Die mentale Kamera (S. 26), Die ZAUBER-Formel (S. 30)
Sie wollen Ihre eigenen Schwächen aufdecken und daraus Chancen entwickeln.	Der kreative Hammer (S. 33), Die Glaskugel (S. 36)
Sie suchen nach versteckten Kundenbedürfnissen.	Die mentale Kamera (S. 26), Die ZAUBER-Formel (S. 30)
Sie wollen ein tieferes Verständnis für das Umfeld gewinnen, für das Sie Ideen entwickeln wollen.	Die mentale Kamera (S. 26), Begriffsnachbarn (S. 50), Der einarmige Bandit (S. 53)
Sie wollen konkrete Innovationschancen aus Zukunftstrends ableiten.	Die Glaskugel (S. 36)
Sie wollen potenzielle Gefahren für Ihr Unternehmen frühzeitig erkennen.	Der kreative Hammer (S. 33)
Sie wollen identifizierte Chancenfelder priorisieren.	Chancen-Matrix (S. 40)
Sie wollen identifizierte Chancenfelder vertiefen und bisher unbeachtete Ursachen finden.	Der Tiefenbohrer (S. 47)
Sie suchen nach neuen Denkwegen und Lösungsstrategien.	Begriffsnachbarn (S. 50), Der einarmige Bandit (S. 53), Der Fünf-Brillen-Blick (S. 57)

Die Phase der Ideengenerierung	
Ihre Situation	**Die Tools**
Sie suchen nach Anregungen, um die Entwicklung von Produkt- und Dienstleistungsideen zu beschleunigen.	Ideenschwamm (S. 66), Das Kaleidoskop (S. 73)
Sie wollen weg vom ersten naheliegenden Einfall.	Der Druckkessel (S. 85)
Sie wollen radikaler denken und Produkte, Strategien, Abläufe und Prozesse ganz neu erfinden.	Der kreative Hammer (S. 33), Die Glaskugel (S. 36), Ideenschwamm (S. 66), Rahmenwechsel (S. 79), Der Vulkanausbruch (S. 82)
Sie wollen schnell ausgefallene Ideen entwickeln, beispielsweise für Marketingaktionen oder Veranstaltungen.	Funkenflug (S. 63)
Sie haben verschiedene Farben, Formen und/oder Funktionsweisen gesammelt, aus denen Sie jetzt etwas Neues entwickeln wollen.	Das Kaleidoskop (S. 73)
Sie haben bereits eine Idee und wollen diese zu einer neuen weiterentwickeln.	Das Kaleidoskop (S. 73), Rahmenwechsel (S. 79), Billy – das Ideenregal (S. 88), Zerrspiegel (S. 99)

Die Phase der Ideenvertiefung	
Ihre Situation	**Die Tools**
Sie wollen systematisch Ideencluster entwickeln, zum Beispiel zum Aufbau von Produktgruppen.	Billy – das Ideenregal (S. 88), Zerrspiegel (S. 99)
Sie wollen vorhandene Ideen systematisieren und den Ideenpool füllen.	Billy – das Ideenregal (S. 88)
Sie haben eine hohe Anzahl an Ideen und wollen sie schnell auf die besten reduzieren.	GOLD-Test (S. 93)

Die Phase der Ideenvertiefung Ihre Situation	Die Tools
Sie wollen verschiedene Konzeptvarianten entwickeln und testen.	Verwandlungsbox (S. 96), Zerrspiegel (S. 99)
Sie wollen eine gescheiterte Idee aufgreifen und in anderer Form zum Erfolg führen.	Verwandlungsbox (S. 96)
Sie wollen eine finale Auswahl unter den zehn bis zwanzig besten Konzepten treffen.	Kriterienanalyse (S. 102)
Sie wollen sich Klarheit über Ihre eigenen Prioritäten verschaffen.	Kriterienanalyse (S. 102)
Sie wollen eine Konsensentscheidung herbeiführen.	Kriterienanalyse (S. 102)
Sie wollen Umsetzungsstrategien für Ideen und Konzepte entwickeln.	Die Felsbrocken-Technik (S. 107), Das schwarze Loch (S. 111)
Sie wollen Bedenkenträger innerhalb Ihres Unternehmens überzeugen.	Die Felsbrocken-Technik (S. 107), Das schwarze Loch (S. 111)

Moderation und Leitung von Ideenfindungsworkshops und -meetings Ihre Situation	Die Tools
Sie leiten einen Workshop oder ein Meeting und suchen nach einer Methodik für den schnellen Einstieg.	Der Kopfstand (S. 22), Der Druckkessel (S. 85)
Sie und Ihre Teilnehmer haben Denkblockaden und wollen sie in kürzester Zeit aufbrechen.	Der Kopfstand (S. 22), Der Tiefenbohrer (S. 47), Der Einarmiger Bandit (S. 53), Der Fünf-Brillen-Blick (S. 57), Funkenflug (S. 63), DIAS (S. 76), Der Vulkanausbruch (S. 82)

Moderation und Leitung von Ideenfindungsworkshops und -meetings	
Ihre Situation	**Die Tools**
Sie wollen allgemein akzeptierte Denkmuster bei den Teilnehmern aufbrechen.	Der Fünf-Brillen-Blick (S. 57), Der Vulkanausbruch (S. 82)
Ein Workshop oder Meeting ist »festgefahren«, die Teilnehmer haben das Gefühl, über alle Fragen schon tausend Mal nachgedacht zu haben.	Begriffsnachbarn (S. 50), Der einarmiger Bandit (S. 53)
Sie wollen Kreativworkshops oder -meetings durch eine ungewöhnliche Technik auflockern.	Funkenflug (S. 63), DIAS (S. 76)
Sie leiten einen Workshop und haben das Gefühl, dass – so sehr Sie sich auch bemühen – die Variation der Ideen zu wünschen übrig lässt.	Rahmenwechsel (S. 79)

Teil 2: Das Sechs-Wochen-Programm zur Ideenentwicklung

Sie haben die sechs Schritte der systematischen Ideenentwicklung und die verschiedenen Methoden kennengelernt, die hinter jedem Schritt stehen. Im ersten Moment ist das mit Sicherheit frustrierend. »Ich möchte gerne eine Methode kennenlernen, mit der ich in fünf Minuten ein iPad erfinden kann!« Und genau die bekommen Sie in diesem Buch nicht. Wenn jeder innerhalb von nur fünf Minuten ganz viele geniale Ideen haben könnte, wenn man sich einfach nur zusammensetzen und kurz »brainstormen« müsste, um ein neues geniales Produkt oder Geschäftsmodell zu entwickeln, warum gibt es dann so wenige geniale Ideen?

Ideen entstehen zwar als Geistesblitz, doch dieser Geistesblitz ist lange vorbereitet. Und damit aus dem kurzen Funken im Hirn ein ausgereiftes Konzept wird, braucht es viel Zeit und viele weitere Ideen. In der Praxis haben wir gute Erfahrungen damit gemacht, den Prozess der Ideenentwicklung zu entschleunigen. Schritt für Schritt, kreativ und analytisch, mit Zeit zum Nachdenken und zum Ausprobieren. Auf der Basis von mehr als 200 Ideentwicklungsprozessen haben wir ein Sechs-Wochen-Programm ausgearbeitet. Sie gehen jeden Tag nur einen Schritt. Nicht mehr. Sie werden sehen, dass Ihre Ideen von Tag zu Tag reifen. Und dass Sie am Ende wirklich durchdachte kreative Konzepte in der Hand halten, die visionär, nützlich und umsetzbar sind.

Das Sechs-Wochen-Programm hilft Ihnen, den kreativen Prozess zu strukturieren. Vergessen Sie dabei eines nicht: Kreativität geht manchmal ganz eigene Wege. Vielleicht gehen Sie einmal einen Schritt zurück, vielleicht drehen Sie sich kurz im Kreis, vielleicht müssen Sie sogar noch einmal von vorne anfangen. Wichtig ist, dass Sie dranbleiben! Wenn Sie das Programm zwischendurch unterbrechen müssen, weil Ihnen etwas

Wichtiges dazwischenkommt, ist das nicht schlimm: Steigen Sie an der Stelle wieder ein, an der Sie aufgehört haben. Viele erfolgreiche Unternehmensgründer und Erfinder haben ihre Ideen teilweise monate- oder sogar jahrelang vergraben. Um dann irgendwann dort weiterzumachen, so sie aufgehört hatten.

Teil 2: Das Sechs-Wochen-Programm zur Ideenentwicklung

Woche 1: Die Grundlagen schaffen und Erfolgschancen erkennen

In dieser Woche schaffen Sie die Grundlage für die Ideenentwicklung. Stellen Sie sich selbst auf den Prüfstand, gehen Sie auf die Suche nach Problemen, die Sie bislang nicht gesehen haben, analysieren Sie die Schwächen bestehender Lösungen und überlegen Sie – wenn Sie visionär denken wollen – welche Chancen sich aus Zukunftstrends ergeben.

Noch suchen Sie nicht nach konkreten Ideen, sondern identifizieren die Felder, in denen Sie Ideen entwickeln wollen. Eine Frage, die uns häufig gestellt wird:»Was passiert, wenn ich doch schon eine Idee habe?« Bitte verbieten Sie sich Ihre Ideen nicht. Sie können es – wenn Sie tiefer in eine Materie einsteigen – ohnehin kaum verhindern, dass Ihnen erste Ideen kommen. Halten Sie sie fest. Wichtig ist nur, dass Sie sich nicht zu früh auf eine Idee versteifen. Mit hoher Wahrscheinlichkeit finden Sie noch bessere ... Außerdem geht es bei der systematischen Ideenentwicklung darum, viele Lösungswege zu entwickeln. Wenn ein Weg nicht funktioniert, nehmen Sie einen anderen.

Sie erhalten für jeden Tag eine Aufgabe. Wenn Sie an einem Tag mit einer Aufgabe nicht fertig werden: Verzweifeln Sie nicht. Verlängern Sie einfach um einen Tag. Wichtig ist nicht, dass Sie das Programm sklavisch abarbeiten. Es gibt keine Noten für Genauigkeit wie bei einer mathematischen Berechnung. Vielmehr geht es darum, dass Sie die Systematik verstehen und lernen, Ideenfindung als Prozess zu verinnerlichen, der sich über mehrere Wochen hinzieht.

Tag 1: Ihr Motivationstest

Wir wollen Ihnen nicht gleich am ersten Tag die Lust auf Ideen nehmen. Trotzdem beginnt das Sechs-Wochen-Programm mit einem Warnhinweis: Sie werden viel mehr Energie aufwenden müssen, als Sie es sich heute vorstellen. Sie werden häufiger verzweifelt als glücklich sein. Und immer dann, wenn Sie denken, Sie hätten den goldenen Schlüssel zur Genialität gefunden, wird irgendetwas passieren, was Sie zurückwirft. Wieso warnen wir Sie? Weil die meisten Ideen daran scheitern, dass sich Menschen und Unternehmen mehr vornehmen, als sie später wirklich umsetzen können oder wollen. Warum dann also diese großen Ideen überhaupt entwickeln? Machen Sie gleich am ersten Tag den Motivationstest, damit Sie von vornherein Ideen entwickeln, die Sie später auch realistisch umsetzen können. Denn nichts frustriert mehr, als Ideen scheitern zu sehen. Und nichts macht einen kreativen Menschen glücklicher als eine erfolgreich umgesetzte Idee.

Ihre Motivation: Warum wollen Sie Ideen entwickeln? Was treibt Sie an?	
a.	Sobald im Leben zu viel Routine aufkommt, langweile ich mich. Ich will das Neue und suche nach harten Nüssen, die man knacken kann.	❑
b.	Ideen zu entwickeln macht mir Spaß. Ich denke häufig darüber nach, wie man Dinge besser oder ganz anders machen kann.	❑
c.	Mein Chef verlangt von mir, dass ich kreativ werde. Also habe ich mir diesen Ratgeber gekauft.	❑

Der Aufwand: Nehmen wir an, Sie haben eine geniale Idee, von der Sie begeistert sind. Wie viel Aufwand wollen Sie in die Umsetzung Ihrer Idee stecken?	
a.	Das soll mein Lebenswerk werden. Ich bin bereit, in den nächsten Jahren alles dran zu setzen, um meiner Idee zum Erfolg zu verhelfen. ❏
b.	Sie sollte sich neben der Arbeit umsetzen lassen. Ein bis zwei Stunden in der Woche, mehr nicht. ❏
c.	Idealerweise setzt sich die Idee von alleine um. Ich bin nicht der Mensch, der lange an einer Sache dranbleibt. ❏

Der Zeithorizont: Wann soll Ihre Idee umgesetzt sein?	
a.	Ich denke langfristig. Mir ist es wichtig, eine zukunftsweisende Idee zu haben, die in drei bis fünf Jahren Früchte trägt. ❏
b.	Innerhalb der nächsten ein bis zwei Jahre möchte ich Erfolge sehen. ❏
c.	Kurzfristig. Idealerweise innerhalb von wenigen Wochen. ❏

Ihre Frustrationstoleranz: Wie schnell oder langsam geben Sie auf?	
a.	Meine Freunde sagen, ich hätte das Terrier-Gen: Wenn ich mich in eine Sache verbeiße, lasse ich nicht mehr los. ❏
b.	Ich lasse mich nicht so schnell von einer Sache abbringen, aber wenn es mich zu sehr nervt, gebe ich auf. ❏
c.	Wenn es beim dritten oder vierten Mal nicht klappt, habe ich die Nase voll. ❏

Übertragen Sie die Punkte Ihres Motivationstests (a ist hoch, b mittel und c gering).

Faktor	hoch	mittel	gering
Motivation			
Aufwand			
Zeithorizont			
Frustrationstoleranz			

Erschrecken Sie bitte nicht, wenn Ihre Selbsteinschätzung Ergebnisse zutage bringt, die eher mittel oder sogar nur gering ausgeprägt sind. Das heißt nicht, dass Sie keine Ideen entwickeln können. Aber: Wenn Ihnen Ideenentwicklung eigentlich keinen großen Spaß macht, Sie den Aufwand in Grenzen halten wollen, die Idee in wenigen Wochen umgesetzt sein und möglichst beim ersten Mal funktionieren soll, fangen Sie bitte nicht an, Ideen für innovative künstliche Herzklappen oder ein neues Geschäftsmodell Ihrer Firma zu entwickeln. Konzentrieren Sie sich auf schnelle Erfolge, möglicherweise Verbesserungen an Ihrem Arbeitsplatz, die Optimierung von Arbeitsprozessen oder ein sinnvolles neues Feature für ein bestehendes Produkt.

Gehen Sie jetzt alle Konzepte noch einmal unter diesem Aspekt durch. Sind Sie bereit für die Umsetzung?

Falls Sie Ideen in einem Team oder gemeinsam mit Partnern entwickeln, versuchen Sie, die Motivation der anderen ebenfalls einzuschätzen. Was hilft es Ihnen, wenn Sie hochmotiviert und verbissen an einer Sache arbeiten, aber alle Ihre Mitstreiter die Lust verlieren? Dann sind erst der Streit und dann das Scheitern programmiert.

Tag 2: Der Problemtag – Blicken Sie durchs Schlüsselloch!

Das tun Sie heute

Wenn Sie Probleme mögen, ist heute Ihr Tag! Gehen Sie aktiv auf die Suche nach neuen Problemen. Egal wo Sie sind, egal was Sie tun, achten Sie darauf, wo Menschen unnötige Schwierigkeiten haben, wo sie Zeit verschwenden oder sich beschweren. Frei nach dem Motto »Ich hätte gerne ein Problem. Haben Sie eines für mich?«.

Ihr Ziel

Am Ende des heutigen Tages sollten Sie eine Liste von zehn bis fünfzehn Problemen haben. Festgehalten in einem Notizbuch oder auf Ihrem Smartphone – vielleicht sogar noch mit einigen Fotos, um sie besser zu illustrieren. Haben Sie dieses Ziel erreicht? Nehmen Sie Ihren rechten Arm und klopfen Sie sich auf die linke Schulter. Selbstmotivation: Der Anfang ist geschafft!

Ihre Tools

Die mentale Kamera (Seite 26)
Die ZAUBER-Formel (Seite 30)

Ihre Ergebnisse

Eine Liste priorisierter Probleme, die Sie lösen können und wollen. Streichen Sie dazu Ihre Liste zusammen: Von zehn bis fünfzehn Problemen auf drei bis fünf. Und priorisieren Sie sie.

Faktor	Gering (1 Punkt)	Mittel (2 Punkte)	Hoch (3 Punkte)	
Problemrelevanz: Wie groß ist das Problem für die Betroffenen?				
Eigenmotivation: Würde es Ihnen Spaß machen, dieses Problem zu lösen?				
Lösungsfähigkeit: Für wie lösbar halten Sie das Problem?				

Vergeben Sie Punkte. Und streichen Sie die Ideen heraus, die die niedrigste Punktzahl haben. Seien Sie dabei hart zu sich selbst. In der Ideenfindung gilt immer wieder: Kill your darlings. Wenn ein Problem nicht relevant ist oder Sie es für nicht lösbar halten: Streichen!

Und was ist, wenn am Ende des Tages keine Probleme mehr übrig bleiben? Dann ist es wie bei Mensch-Ärgere-Dich-Nicht: Zurück an den Anfang. Überlegen Sie, ob Sie die richtigen Menschen befragt oder beobachtet haben. Denken Sie darüber nach, ob die Fragen, die Sie gestellt haben, die richtigen waren. Und ob Sie Ihre mentale Kamera richtig fokussiert haben.

Probleme sammeln ist wie Pilze sammeln. Sie wissen zwar ungefähr, wo Sie suchen müssen. Aber manchmal sind keine zu finden. Und ähnlich wie ein Pilzsammler sein Hobby nicht aufgibt, nur weil er leer ausgegangen ist, sollten Sie weiter auf die Suche nach Problemen gehen.

Tag 3: Greifen Sie zum Hammer! – Identifizieren Sie die Schwächen bestehender Lösungen!

Das tun Sie heute

Die meisten Probleme sind bereits gelöst. Häufig allerdings durch komplizierte Lösungen oder Krücken, die sich Menschen gebaut haben. Analysieren Sie heute, wie Menschen die Probleme, die Sie gestern identifiziert haben, lösen. Und überlegen Sie, wie Sie es besser machen könnten.

Ihr Ziel

Das Ziel ist es, eine Liste von Ansätzen zu entwickeln, mit denen Sie Probleme besser überwinden können als mit bestehenden Lösungen. Vielleicht kommen Ihnen schon erste Ideen. Schreiben Sie sie auf, damit Sie sie nicht vergessen. Aber verbeißen Sie sich nicht in diese Ideen. Sie sind gerade erst am Anfang.

Ihr Tool

Der kreative Hammer (Seite 33)

Ihre Ergebnisse

Sie haben Ihr Problem jetzt tief durchdacht und erste Chancenfelder für die Ideensuche identifiziert. Von den drei bis fünf Problemen haben ein bis zwei den Tag wahrscheinlich nicht überstanden: Sie haben Lösungen gefunden, die so gut waren, dass Sie keine Schwächen gefunden haben. Das ist gut so. Am Ende des heutigen Tages sollten noch zwei bis drei Chancenfelder stehen.

Beschreiben Sie das Problem. (Übernehmen Sie die Problembeschreibung aus den Unterlagen des ersten Tages.)

Wie lösen Menschen das Problem derzeit? (Erster Lösungsweg)	Wie lösen Menschen das Problem derzeit? (Zweiter Lösungsweg)	Wie lösen Menschen das Problem derzeit? (Dritter Lösungsweg)
Welche Schwächen hat die erste Lösung?	Welche Schwächen hat die zweite Lösung?	Welche Schwächen hat die dritte Lösung?

Welche Chancen ergeben sich daraus? Auf welche Art und Weise könnte man es besser machen?

Und wenn Sie feststellen, dass alle Probleme bereits perfekt gelöst sind? Zurück zu Tag 2. Alles von vorne.

Tag 4: Blicken Sie in die Glaskugel: Der Zukunftstag

Das tun Sie heute

Keine Angst: Weder Magie noch Utopie wird Ihren heutigen Tag prägen. Sie blicken in die Zukunft, aber nur auf Basis von Trends, die gesichert sind beziehungsweise Annahmen, die als sehr wahrscheinlich gelten können. Keine Hexerei, versprochen.

Ihr Ziel

Die Ideen, die Sie entwickeln, sollen möglichst lange Nutzen stiften. Das heißt: Sie müssen die Ideen so entwickeln, dass sie sich an den Trends orientieren, die die Zukunft prägen werden. Am Ende des heutigen Tages haben Sie Ihr Chancenfeld so weiterentwickelt, dass es zukunftssicher ist.

Ihr Tool

Die Glaskugel (Seite 36)

Ihre Ergebnisse

Wenn Sie lange genug in die Glaskugel geschaut haben, wissen Sie, welche Trends die Zukunft prägen werden und wie sich diese Trends auswirken. Sie haben entweder Ihre Chancenfelder weiter konkretisiert, indem Sie sich mit der Entwicklung von Problemen und Schwächen in der Zukunft auseinandergesetzt haben, oder Sie haben sich auf das Chancenfeld festgelegt, das die meisten Chancen verspricht.

Nehmen Sie die Chancenfelder, die Sie identifiziert haben. Denken Sie sie mithilfe der Glaskugel fünf Jahre nach vorne. Wie stellen sich die Probleme und Schwächen dann dar?

Wenn Sie die Idee nicht heute, sondern in fünf Jahren entwickeln würden: Welche Faktoren wären dann anders?

Formulieren Sie das Chancenfeld unter Berücksichtigung der Zukunftsperspektive neu.

Tag 5: Der finale Check – Ihre Lösungs-kompetenzen analysieren

Das tun Sie heute

Dieser finale Check wird häufig vergessen. Natürlich kann es ab und zu sinnvoll sein, Ideen außerhalb der eigenen Kompetenzfelder zu entwickeln, weil Sie sich davon neue Chancenfelder versprechen. Dann aber sollte es ein bewusster Prozess sein. Wenn Sie das nicht tun, machen Sie sich das Leben unnötig schwer: Sie entwickeln Neues in einem Feld, von dem Sie im schlimmsten Fall nicht einmal die Grundlagen beherrschen. Das wäre so, als würden Sie Musik komponieren, obwohl Sie kein Instrument spielen können. Oder programmieren, obwohl Sie nicht wissen, was ein Code ist.

Nicht nur, dass Sie sich quälen: Sie nehmen sich die Chance, Ideen in einem Feld zu entwickeln, in dem Sie gut sind. Und in dem Sie aufgrund Ihres Know-hows die Chance haben, zu brillieren. Heute richten Sie den Blick deshalb nach innen.

Ihr Ziel

Systematische Ideenentwicklung setzt von vornherein darauf, Ideen zu entwickeln, die umsetzbar sind. Und zwar nicht abstrakt, sondern von Ihnen. Sie entwickeln die Ideen, die zu Ihnen passen. Ideen, die durch Sie später nicht nur in der Theorie, sondern auch in der Praxis genial werden. Das ist Ihr heutiges Ziel: Nicht mehr Lösungsansätze zu generieren, sondern Ihre Lösungsansätze zu schärfen.

Ihr Tool

Die Lösungskompetenzanalyse (siehe Tabelle)

Ihre Ergebnisse

Am Ende des heutigen Tages haben Sie die Chancenfelder vom gestrigen Tag entweder auf ein bis zwei reduziert oder Sie haben sie so weiterentwickelt, dass Sie sie umsetzen können.

Beschreiben Sie eine konkrete Erfolgschance, die Sie in den vergangenen Tagen mithilfe der ZAUBER-Formel, dem kreativen Hammer und der Glaskugel entwickelt haben.

Vorhandenes Know-how: Beschreiben Sie das Know-how, mit dem Sie oder Ihr Unternehmen das Problem lösen könnten.

Fehlendes Know-how: Welches Know-how fehlt Ihnen oder Ihrem Unternehmen, um die Idee umzusetzen?

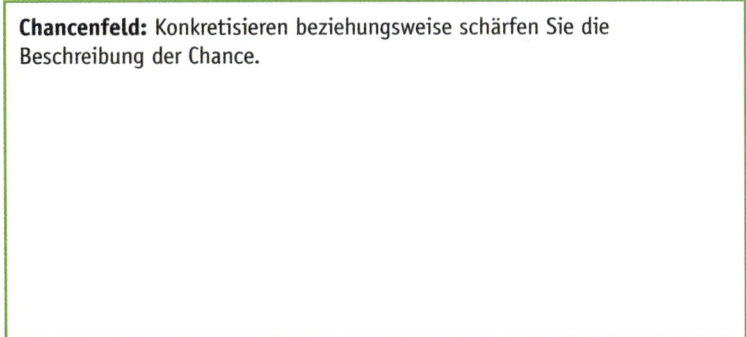

Chancenfeld: Konkretisieren beziehungsweise schärfen Sie die Beschreibung der Chance.

Sie haben die Chancenfelder eingegrenzt und konkretisiert. Und wenn Sie am Ende des heutigen Tages feststellen, dass Sie komplett in die falsche Richtung gedacht haben? Dass Sie praktisch keine der Chancen verfolgen können? Dann ist das zunächst einmal frustrierend. Aber Sie haben erst eine Woche investiert. Stellen Sie sich vor, Sie hätten sich mehrere Jahre an dieser Idee die Zähne ausgebissen, um dann festzustellen, dass jemand anders Sie mühelos überholt. Das wäre *wirklich* frustrierend ... Gehen Sie zurück auf Tag zwei. Sehen Sie sich die Probleme unter dem neuen Blickwinkel an. Oder schauen Sie noch einmal tief in die Glaskugel ...

Ihre Wochenbilanz

Sie haben alle Grundlagen für die systematische Ideenentwicklung geschaffen. Ihr Kopf glüht, unzählige Informationen und Informationsbruchstücke schwirren umher. Klappen Sie Ihr Notizbuch zu und fahren Sie den Rechner herunter.

Wenn Sie gerade dabei sind: Fahren Sie Ihren Kopf gleich mit herunter. Geben Sie Ihrem Gehirn ein bis zwei Tage frei, gehen Sie spazieren, beschäftigen Sie sich mit anderen Dingen. Ihr Kopf braucht diese sogenannte »Inkubationszeit«, um Lösungen unbewusst vorzubereiten und die hirnbiologische Grundlage für Geistesblitze zu schaffen.

Bevor Sie aber ganz abschalten, versuchen Sie noch einmal kurz das Wichtigste zusammenzufassen.

> Die wichtigsten drei Erkenntnisse für mich in dieser Woche waren
> 1.
>
>
> 2.
>
>
> 3.

Woran habe ich am meisten Spaß gehabt?

Welche Fragen will ich Anfang nächster Woche unbedingt beantworten?

Warum möchte ich weitermachen? Was motiviert mich?

Und jetzt: Viel Spaß in der Inkubationszeit!

Teil 2: Das Sechs-Wochen-Programm zur Ideenentwicklung

Woche 2: Definieren von Fragestellungen

Sie haben jetzt eine Liste von ungelösten Problemen, Sie kennen die Schwächen bestehender Lösungen, Sie haben sich mit Ihren Lösungskompetenzen und Zukunftstrends beschäftigt. Jetzt geht es darum, daraus konkrete Erfolgschancen zu definieren und bis zum Ende der Woche Fragestellungen zu entwickeln, die Ihnen helfen, das Suchfeld zu erkunden und eine fundierte Grundlage für die Ideensuche zu schaffen.

Hüten Sie sich in dieser Woche unbedingt vor Nörglern und Zerstörern! Wenn Sie so jemanden in Ihrem Umfeld haben, vermeiden Sie in dieser Woche am besten den Kontakt oder reden Sie über unverfängliche Themen wie das Wetter. Sie brauchen niemanden, der Ihnen – während Sie gerade im Kopf dabei sind, die Komplexität der ersten Woche in einfache Fragestellungen zu verwandeln – sagt, dass sowieso alles Unsinn ist.

Das Wichtigste in dieser Woche ist, dass Sie mehrere Fragestellungen entwickeln, die Ihnen parallele Lösungswege aufzeigen. Es ist ein Unterschied, ob Sie fragen: »Wie kann ich ein bestimmtes Problem lösen?«, oder: »Wie kann ich dieses Problem verhindern?«, oder: »Wie kann ich dieses Problem akzeptieren und die Folgen lindern?«. Normalerweise führen diese drei potenziellen Lösungswege zu heftigen Diskussionen über den richtigen Weg. Bei der systematischen Ideenentwicklung gehen Sie gedanklich alle drei Wege. Wenn ein Problem nicht lösbar ist, ist es vielleicht zu verhindern. Und wenn beides nicht geht, entwickeln Sie Lösungen, damit das Problem nicht mehr stört.

Tag 6: Konkrete Erfolgschancen entwickeln

Das tun Sie heute

Sortieren. Sortieren. Sortieren. Mit dem Abstand von zwei Tagen schauen Sie noch einmal über die Aufzeichnungen der vergangenen Woche herüber. Sind Sie noch genauso überzeugt wie vor zwei Tagen? Würden Sie die Erfolgschancen jetzt anders formulieren? Heute geht es darum, die Ergebnisse der vergangenen Woche noch einmal zu überdenken und eventuell neu zu kombinieren.

Ihr Ziel

Die bestehenden Chancenfelder kompakter zu beschreiben oder durch den frischen Blick neue Chancenfelder zu entwickeln.

Schritt 1: Die Erfolgschancen der vergangenen Woche reflektieren

Notieren Sie noch einmal, wie sich die zwei bis drei Erfolgschancen der ersten Woche entwickelt haben. Überlegen Sie, ob Sie Ihrer kreativen Logik auch in der zweiten Woche noch folgen würden. Wenn nicht, wandeln Sie die Beschreibung der Erfolgschancen ab.

Bilanz Tag 2: Probleme	Bilanz Tag 3: Schwächen	Bilanz Tag 4: Zukunftsblick	Bilanz Tag 5: Lösungs- kompetenzen

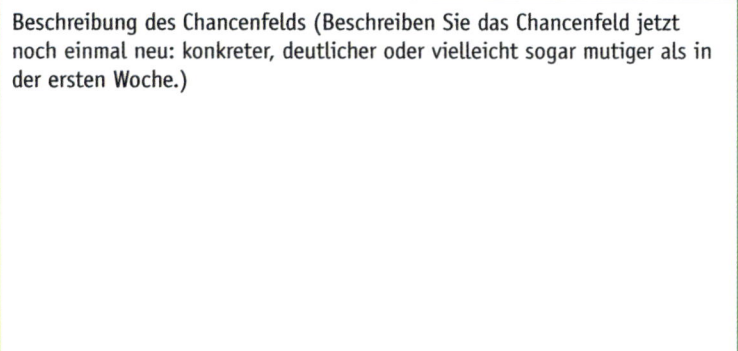

Beschreibung des Chancenfelds (Beschreiben Sie das Chancenfeld jetzt noch einmal neu: konkreter, deutlicher oder vielleicht sogar mutiger als in der ersten Woche.)

Schritt 2: Die Erfolgschancen der vergangenen Woche neu kombinieren

Nehmen wir an, Sie hätten nicht mit den Problemen, sondern mit Ihren Lösungskompetenzen oder einer Trendanalyse begonnen: Welche zusätzlichen Chancen würden sich daraus ergeben?

Lösung sucht Problem: In welchem Bereich haben Sie bei sich selbst oder in Ihrem Unternehmen Lösungskompetenzen festgestellt, zu denen Ihnen noch das Problem fehlt? Springen Sie noch einmal auf Tag 2, 3 und 4 zurück: Suchen Sie nach Problemen, die Sie besser lösen können als andere und deren Lösungen in Zukunft Bestand haben könnten.

Zukunftstrend sucht Problem: Haben Sie einen Zukunftstrend gefunden, der Sie interessiert? Möchten Sie in einem bestimmten Zukunftsbereich Ideen entwickeln? Überlegen Sie, welche Probleme in Zukunft in diesem Bereich entstehen könnten beziehungsweise welche bestehenden Probleme Sie durch diesen Trend besser lösen können. Welche Ihrer Lösungskompetenzen können Sie hier einbringen?

Neues Chancenfeld: Formulieren Sie ein weiteres Chancenfeld, das sich durch die Neukombination ergibt.

Ihre Ergebnisse

Ihre Chancenfelder werden nicht mehr, sondern sie sind tiefer durchdacht. Sie haben also nicht mehr Chancen als heute Morgen, sondern bessere ... Was passiert, wenn Sie es am Ende des Tages nicht geschafft haben, Ihre vielen Gedanken und Informationen zu sortieren? Wenn Sie keine tief durchdachten, kompakten und einfach formulierten Erfolgschancen entwickelt haben? Legen Sie einen Tag Pause ein und wiederholen Sie Tag sechs übermorgen noch einmal. Bitten Sie Freunde und Kollegen zur Hilfe. Häufig ist es einfacher, mit einem unbefangenen Blick von außen auf Ergebnisse zu blicken.

Tag 7: Priorisieren mit der Chancen-Matrix

Das tun Sie heute

Bevor Sie losstürmen und Ideen entwickeln, überlegen Sie noch einmal: Welche Chancenfelder bieten für Sie das größte Potenzial? Clustern Sie die Chancenfelder danach, wie viel Sie bewirken können – das heißt wie groß Ihr potenzieller Erfolg ist – und wie hoch der Aufwand ist, der gegenübersteht.

Ihr Ziel

Am Ende des heutigen Tages sollten Sie ein Chancenfeld identifiziert haben, das für Sie das erfolgsträchtigste ist. Vergleichen Sie das Ergebnis der Clusterung noch einmal mit Ihrem Motivationstest. Sind Sie motiviert genug, um die harten Nüsse zu knacken? Oder wollen Sie sich eher die Low-hanging-Fruits vornehmen?

Ihr Tool

Chancen-Matrix (Seite 40)

Ihre Ergebnisse

Sie haben jetzt einen Überblick über die Reihenfolge, in der Sie die verschiedenen Chancenfelder angehen wollen. Es empfiehlt sich, zunächst die Low-hanging-Fruits anzugehen, anschließend zu überprüfen, inwieweit sich das Potenzial der inkrementellen Verbesserungen ausweiten lässt, anschließend die kreativen Kopfnüsse zu überprüfen und die Aufwand-Ertrags-Falle möglichst zu vermeiden.

Chancenfeld (Notieren Sie hier das Chancenfeld)	Priorisierung (Wie stufen Sie das Chancenfeld ein?)	Konsequenz (Was bedeutet das für Sie persönlich? Wie wollen Sie mit dem Chancenfeld umgehen?)
Chancenfeld 1	❑ Inkrementelle Verbesserung ❑ Low-hanging-Fruits ❑ Aufwand-Ertrags-Falle ❑ Kreative Kopfnuss	
Chancenfeld 2	❑ Inkrementelle Verbesserung ❑ Low-hanging-Fruits ❑ Aufwand-Ertrags-Falle ❑ Kreative Kopfnuss	
Chancenfeld 3	❑ Inkrementelle Verbesserung ❑ Low-hanging-Fruits ❑ Aufwand-Ertrags-Falle ❑ Kreative Kopfnuss	
Chancenfeld 4	❑ Inkrementelle Verbesserung ❑ Low-hanging-Fruits ❑ Aufwand-Ertrags-Falle ❑ Kreative Kopfnuss	

Sie sind heute nicht zum Ergebnis gekommen? Drehen Sie einige Schleifen. Fragen Sie Freunde, Geschäftspartner oder Kollegen, wie sie die verschiedenen Chancenfelder einschätzen. Schütteln Sie die Bewertung nicht einfach aus dem Ärmel, lassen Sie sich lieber noch ein, zwei oder sogar drei Tage Zeit. Lieber aus dem Sechs-Wochen-Programm ein Sieben-Wochen-Programm machen als auf die falsche Fährte setzen.

Tag 8: Suchfragen entwickeln

Das tun Sie heute

Goethe hat einmal gesagt: »Wenn du eine weise Antwort verlangst, musst du vernünftig fragen.« Das gilt sinngemäß auch für Ideen. Von vielen erfolgreichen Erfindern hören Sie auf die Frage, wie die Idee zustande gekommen ist, die Antwort: »Ich habe einfach die Frage anders gestellt.« Am Ende ist es zwar mehr als nur die richtige Frage, doch ohne die richtige Frage denken Sie in die falsche Richtung.

Entsprechend entwickeln Sie für die Erfolgschance(n), die Sie verfolgen wollen, heute Leitfragen. Entwickeln Sie mehr als eine Frage. Wandeln Sie Ihre Ausgangsfrage ab und variieren Sie Begriffe, um auf eine Vielzahl von Fragen zu kommen. Sie können entweder mit den Begriffsnachbarn oder mit dem einarmigen Banditen arbeiten. Die meisten unserer Workshop-Teilnehmer kommen mit einer der beiden Methoden besser zurecht. Kreativere Denker bevorzugen meistens die Begriffsnachbarn, strukturierte Denker den einarmigen Banditen.

Ihr Ziel

Fragen dienen dazu, Suchfelder zu erschließen und Denkwege zu erweitern. Am Ende des heutigen Tages wissen Sie konkret, wonach Sie suchen – und haben durch die Variation der Ausgangsfrage neue Lösungsansätze erarbeitet.

Ihre Tools

Begriffsnachbarn (Seite 50)
Der einarmige Bandit (Seite 53)

Ihre Ergebnisse

Notieren Sie Ihre Ausgangsfrage und die Variationen, die Sie mithilfe der Begriffsnachbarn und des einarmigen Banditen gebildet haben. Bewerten und priorisieren Sie sie. Am Ende des Tages haben Sie zwischen drei und fünf Fragen, die Ihnen helfen, das Suchfeld besser zu verstehen, Sie auf neue interessante Ansätze zu bringen und die Sie spannend genug finden, um sie weiterzuverfolgen.

Ausgangsfrage	Variation 1	Variation 2	...

Haben Sie keine kreativen neuen Fragestellungen bilden können? Gehen Sie zurück auf Tag 7 und überlegen Sie, ob Sie wirklich das richtige Chancenfeld priorisiert haben. Oder schlafen Sie noch einmal über das Ergebnis und bilden Sie morgen eine neue Ausgangsfrage.

Tag 9: In die Tiefe bohren

Das tun Sie heute

Überlegen Sie, ob Sie wirklich schon die richtigen Fragen gebildet haben. Möglicherweise kratzen Sie mit Ihren Fragen noch an der Oberfläche, dabei sollten Sie viel tiefer bohren. Mit dem Tiefenbohrer hinterfragen Sie die Fragen. Klingt kompliziert, ist es aber nicht.

Ihr Ziel

Am Ende des heutigen Tages sind Sie den Ursachen stärker auf den Grund gegangen und haben Fragen gebildet, die das, was Sie suchen, an der Wurzel packen. Im Gegensatz zu Begriffsnachbarn und dem einarmigen Banditen, mit denen Sie Fragen in die Breite entwickeln, sind Sie jetzt tiefer in die Materie eingedrungen.

Ihr Tool

Der Tiefenbohrer (Seite 47)

Ihre Ergebnisse

Notieren Sie die Ausgangsfrage und ersetzen Sie die Frage »Wie?« durch die Frage »Warum?«. Entwickeln Sie aus der Antwort erneut eine Frage. Und fangen von vorne an. Aus »Wie?« wird »Warum?« etc. Das tun Sie, bis Sie nicht mehr tiefer bohren können.

Ausgangsfrage	Variation 1	Variation 2	...	
Tiefere Frage	Tiefere Frage	Tiefere Frage	Tiefere Frage
Tiefere Frage	Tiefere Frage	Tiefere Frage	Tiefere Frage

Fällt es Ihnen schwer, diese tieferen Fragen zu bilden? Gehen Sie noch einmal zurück zu Tag 2 und sehen Sie sich die Probleme an, die dem Chancenfeld zugrunde liegen. Hinterfragen Sie diese Probleme mit dem Tiefenbohrer noch einmal. Überlegen Sie noch einmal, welche Schwächen bestehende Lösungen haben. Ihre Lösungskompetenzen und die Trends bleiben in der Regel unverändert, sodass Sie auf Basis der Wiederholungen recht zügig neue Fragestellungen entwickeln können.

Tag 10: Priorisieren der Fragestellungen

Das tun Sie heute

In dieser Woche haben Sie viele neue Fragen entwickelt. Welche bringen Sie wirklich weiter? Welche wollen Sie verfolgen? Heute priorisieren Sie die Fragestellungen.

Ihr Ziel

Am Ende des Tages haben Sie zwischen drei und fünf Fragen, die Ihnen helfen, das Suchfeld besser zu verstehen, die Sie auf neue interessante Ansätze bringen und die Sie spannend genug finden, um sie weiterzuverfolgen.

Ihr Tool

Bewerten Sie die verschiedenen Fragen nach den Kriterien in der Checkliste. Wählen Sie am Ende die Fragen aus, bei denen Sie am häufigsten mit »Ja« geantwortet haben.

	Hilft mir, das Suchfeld besser zu verstehen: ja/nein	Bringt mich auf neue interessante Ansätze: ja/nein	Diese Frage ist spannend, ich möchte ihr nachgehen: ja/nein
Ausgangsfrage			

	Hilft mir, das Suchfeld besser zu verstehen: ja/nein	Bringt mich auf neue interessante Ansätze: ja/nein	Diese Frage ist spannend, ich möchte ihr nachgehen: ja/nein
Variation 1:			
Variation 2:			
Variation 3:			
Variation 4:			
...			

Haben Sie keine Fragen gefunden, die allen drei Kriterien entsprechen? Wählen Sie diejenigen aus, die zumindest zwei Kriterien erfüllen.

Ihre Wochenbilanz

Sie kennen jetzt viele neue Fragestellungen und haben sie priorisiert. Sie wissen dadurch sehr konkret, was Sie suchen und in welchen Feldern Sie in der kommenden Woche nach Inspirationen suchen müssen. Bitte tun Sie jetzt das, was Sie auch schon am Ende der ersten Woche getan haben: Gönnen Sie Ihrem Kopf eine Pause. Ziehen Sie jedoch zuvor eine persönliche Bilanz der Woche.

Die wichtigsten drei Erkenntnisse für mich in dieser Woche waren

1.

2.

3.

Woran habe ich am meisten Spaß gehabt?

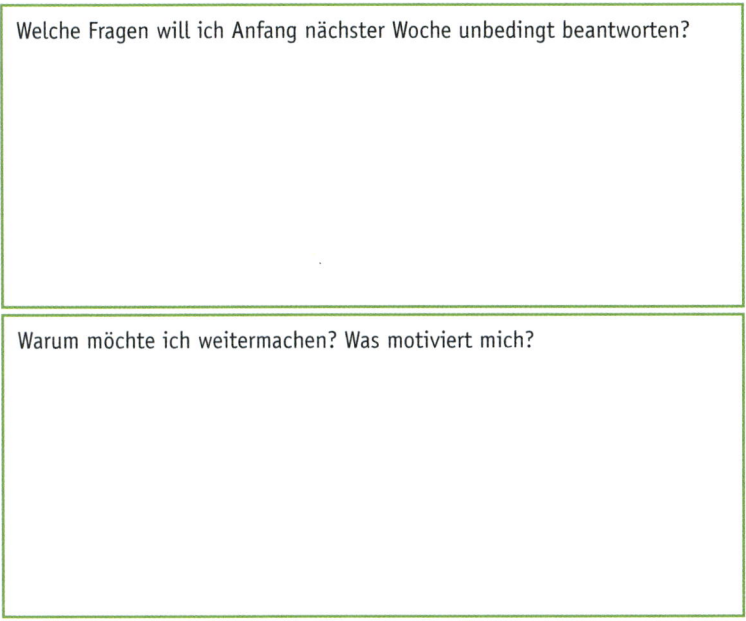

Welche Fragen will ich Anfang nächster Woche unbedingt beantworten?

Warum möchte ich weitermachen? Was motiviert mich?

Jetzt aber: Kopf ausschalten, ins Kino gehen oder etwas wirklich Un-kreatives tun: Beispielsweise bügeln, autofahren oder angeln. Wenn Ihnen beispielsweise beruflich gerade etwas unter den Nägeln brennt, wäre jetzt eine gute Gelegenheit, eine Pause von mehreren Tagen ein-zulegen. Wir raten Ihnen sogar dazu, auszusetzen, wenn das Tages-geschäft Sie braucht. Gerade in den zwei kommenden Wochen – der Phase der aktiven Ideenentwicklung – brauchen Sie einen freien Kopf. Zwischen fünf Telefonaten, dreizehn E-Mails und der Budgetplanung lässt sich »schnell mal Ideenentwicklung« schwer einplanen. Die Ge-fahr besteht, dass Sie immer wieder beim ersten naheliegenden Einfall landen, weil Ihr Kopf eigentlich mit etwas anderem beschäftigt ist.

Teil 2: Das Sechs-Wochen-Programm zur Ideenentwicklung

Woche 3: Inspirationen suchen

In dieser Woche gehen Sie auf die Suche nach Ideen, die Sie als Vorlage nutzen und auf denen Sie aufsetzen können. Warum bei null anfangen? Die Chance, dass Sie mit viel Aufwand auf das gleiche gedankliche Niveau kommen, das andere schon erreicht haben, ist groß. Schließlich gibt es viele kluge Köpfe.

Auch Thomas Edison war ein Verfechter dieser Strategie. Wie Sie bereits in der Einleitung zum dritten Schritt gelesen haben, bezeichnete er sich selbst als einen Schwamm, der Ideen aufsaugt: Ideen müssen nicht neu sein, sagte er, sie müssen nur neu in Bezug auf ein spezielles Problem sein.

In dieser Woche werden Sie zum Ideenschwamm. Sie gehen aktiv auf die Suche nach Inspirationen in anderen Bereichen und nach genialen Ideen, die Sie übertragen können. Betreiben Sie die Recherche nicht nur vom Computer aus! Googeln hilft, aber es ist manchmal deutlich effektiver, wenn Sie mit anderen Menschen sprechen und Ideen erleben. Außerdem macht es mehr Spaß. Und nachdem wir Sie in der letzten Woche sicherlich das eine oder andere Mal gequält haben, sollten Sie jetzt die Freuden der Ideenentwicklung genießen: Das neugierige Suchen, den Spaß am Entdecken, den Austausch mit anderen kreativen Köpfen.

Diese Woche wird Ihnen zwei Dinge aufzeigen: Sie werden Neues kennenlernen und Ihren kreativen Geist bereichern. Die Recherche wird Ihnen aber auch die Messlatte aufzeigen, die Sie überspringen müssen, damit Ihre Idee wirklich neu ist. Lassen Sie sich von dieser Messlatte begeistern und nicht abschrecken. Sehen Sie das, was andere bereits erdacht, erfunden und entwickelt haben, als Herausforderung und nicht als Hindernis an.

Tag 11: Suche nach Inspirationen aus dem gleichen Umfeld

Das tun Sie heute

Sie suchen in ihrer eigenen Branche beziehungsweise nahen Fachbereichen nach Ideen, die es bereits gibt. Dieser erste Schritt ist die Basis. Auch Edison ging stets vom Bekannten ins Unbekannte vor. Das hat den Vorteil, dass Sie sich zunächst noch in Bereichen aufhalten, die Sie kennen und beurteilen können.

Ihr Ziel

Vielleicht denken Sie sich heute das eine oder andere Mal: »Hey, was soll daran kreativ sein, einfach nur blind etwas zu kopieren?« Und Sie haben recht: Das ist nicht wirklich kreativ. Dafür aber ungemein pragmatisch. Warum das Rad ständig neu erfinden? Wenn Sie auf etwas stoßen, das es bereits gibt, und diese Lösung einfach übernehmen, gewinnen Sie Zeit, um in anderen Gebieten kreativ zu sein. Dort, wo Sie wirklich Neues schaffen können. Denken Sie anders herum: Würden Sie sich nicht richtig ärgern, wenn Sie lange an einer Idee knobeln und sie entwickeln, aber am Ende feststellen müssen, dass es woanders schon fertige Lösungen gibt?

Ihr Tool

Ideenschwamm (Seite 66)

Ihre Ergebnisse

Schreiben Sie die Lösungen beziehungsweise Ideen auf, die Sie im nahen Umfeld finden. Beurteilen Sie sie danach, ob Sie sie direkt übernehmen, verbessern, kombinieren oder einfach nur als Anregung nutzen wollen.

Direkt übernehmen	Verbessern	Mit anderen Ideen kombinieren	Nur als Anregung nehmen

Finden Sie keine Lösung in nahen Bereichen? Das ist ein gutes Zeichen dafür, dass Sie einer wirklich neuen Idee auf der Spur sind. Notieren Sie Ihren Rechercheweg und nutzen Sie das Ergebnis später als Argument bei der Ideenvorstellung, wenn Ihnen jemand sagt: »Gibt es bestimmt schon.«

Tag 12: Suche nach Dingen, die sich umfunktionieren lassen

Das tun Sie heute

Sie bleiben in Ihrer eigenen Branche beziehungsweise nahen Fachbereichen und suchen nach Dingen, die für etwas anderes verwendet werden, die Sie aber umfunktionieren können. Fragen Sie sich: Wo gibt es ähnliche Probleme und wie werden sie gelöst? Wo gibt es gute Ideen, die aber derzeit für etwas ganz anderes gedacht sind?

Führen Sie Internetrecherchen auf den Seiten durch, die Sie gut kennen, lesen Sie die Fachpresse oder fragen Sie Kollegen in Ihrem Unternehmen. Mitunter wird es Ihnen passieren, dass jemand sagt: »Ja, aber das ist doch kein X-Gerät, sondern das ist für Y gedacht.« Dann wissen Sie, dass Sie es mit einem nicht ganz so kreativen Menschen zu tun haben. Genau diese Menschen aber brauchen Sie heute nicht. Suchen Sie sich Gesprächspartner, die Lust darauf haben, bestehende Dinge in neuem Zusammenhang auszuprobieren und die Spaß am Experimentieren haben.

Ihr Ziel

Umfunktionieren ist häufig einfacher als neu erfinden. Ein Ziegelstein dient zugleich als perfekter Briefbeschwerer oder kann auch als Wärmespeicher eingesetzt werden. So etwas suchen Sie. Auch wenn Sie nur Teile einer Idee umfunktionieren können, notieren Sie sie. Diese Inspiration hilft Ihnen später dabei, mithilfe des kaleidoskopischen Denkens Ideen zu generieren. Außerdem passiert es bei der Ideenentwicklung häufiger, dass Sie verschiedene Teillösungen zu einer neuen Gesamtlösung zusammensetzen können.

Ideenschwamm (Seite 66)

Ihre Ergebnisse

So ähnlich wie beim ersten Schritt der Inspirationsrecherche schreiben Sie die Lösungen beziehungsweise Ideen auf, die Sie finden. Beurteilen Sie sie danach, ob Sie sie als Ganzes umfunktionieren und übernehmen, Teile der Idee umfunktionieren und übernehmen oder die Idee verändern und dann umfunktionieren können.

Als Ganzes umfunktionieren und übernehmen	Teile umfunktionieren und übernehmen	Verändern und umfunktionieren

Haben Sie nichts gefunden, was Sie umfunktionieren können? Möglicherweise macht das die Idee später etwas schwerer umsetzbar. Andererseits erhöht es den Wert Ihrer Ideen, weil Sie vom Umfeld möglicherweise als neuer und origineller empfunden werden.

Tag 13: Suche nach Lösungen in anderen Bereichen

Das tun Sie heute

Heute beginnt der sprichwörtliche »Blick über den Tellerrand«. Sie verlassen Ihren Bereich beziehungsweise Ihre Branche, formulieren Ihre Fragestellung etwas genereller und fragen sich: In welchen anderen Bereichen der Wirtschaft, der Wissenschaft oder des allgemeinen Lebens hat sich möglicherweise schon einmal jemand Gedanken darüber gemacht, wie man diese Frage lösen kann? Gibt es Vorbilder aus der Natur? Oder hat jemand in der Vergangenheit einmal an einer ähnlichen Frage gearbeitet und Lösungen entwickelt? Überlegen Sie, in welchen Bereichen das Problem, an dem Sie arbeiten, so oder so ähnlich schon einmal aufgetreten ist. Stellen Sie mutige Thesen auf und gehen Sie mit offenem Blick auf die Suche!

Ihr Ziel

Manchmal werden Sie heute glauben, Sie seien ein bisschen verrückt. Keine Angst: Alle Innovatoren und großen Genies waren irgendwann einmal an diesem Punkt. Sie sind aber nicht verrückt, Sie denken nur in Analogien: Bestehendes aus anderen Bereichen nehmen und übertragen. Sie werden heute vielleicht nicht die perfekte Lösung finden, dafür viele Anregungen, die Sie übertragen und später miteinander kombinieren können. Seien Sie offen und notieren Sie so viel wie möglich. Aussortiert wird später.

Ihr Tool

Ideenschwamm (Seite 66)

Ihre Ergebnisse

Sie sollten zwischen zehn und zwanzig Inspirationen finden, die Sie idealerweise bildhaft skizzieren oder durch Fotos aus dem Internet illustrieren. Sortieren und beurteilen Sie die Inspirationen danach, ob Sie sie direkt transferieren, verändern und in Ihr Suchgebiet transferieren können. Oder ob Sie sie mit anderen Inspirationen kombinieren und dann gemeinsam transferieren können. Sie werden auch Inspirationen finden, die Sie interessant finden, bei denen Ihnen aber die Idee zum Transfer fehlt. Halten Sie sie gesondert fest.

Direkt in mein Suchgebiet transferierbar	Verändern und transferieren	Mit anderen Inspirationen kombinieren und transferieren	Festgehaltene Inspirationen: Interessant, aber es fehlt die Idee zum Transfer

Haben Sie keine Inspirationen gefunden? Warten Sie dann noch einen Tag, bevor Sie fortfahren. Möglicherweise haben Sie die Frage falsch gestellt oder Suchgebiete gewählt, in denen die Fragestellung nicht relevant war. Überprüfen Sie das noch einmal.

Tag 14: Suche nach Lösungen aus anderen Bereichen, die sich zweckentfremden lassen

Das tun Sie heute

Dies ist mit Abstand die schwerste Rechercheübung, die es gibt. Sie kombinieren das, was Sie im zweiten und dritten Rechercheschritt getan haben: Sie suchen nach Dingen, die sich umfunktionieren lassen, aber in einer anderen Branche oder einem anderen Fachbereich. Sie vollziehen sozusagen den doppelten gedanklichen Rittberger: In welchen Bereichen, die nichts mit Ihrem zu tun haben, gibt es Lösungen für etwas, was nichts mit Ihrem Problem zu tun hat? So hat zum Beispiel ein Möbelhersteller nach einem Belag für Schreibtische gesucht – und hat Linoleum verwendet – einen Fußbodenbelag. Wenn Ihnen das immer noch zu nah ist: Bei der Suche nach einem natürlichen Nahrungszusatz ist ein Hersteller ebenfalls bei Linoleum gelandet – der Fußbodenbelag besteht in einer frühen Produktionsphase aus Leinöl und Korkmehl – beides essbar. Allerdings ist Linoleum nicht wirklich lecker, deshalb finden Sie das Material heute nicht auf dem Speiseteller. Warum ist dies der letzte Schritt? Weil Sie gestern beim dritten Rechercheschritt mit neuen Branchen beziehungsweise Fachbereichen in Berührung gekommen sind, in die Sie heute tiefer eintauchen.

Ihr Ziel

Sie werden heute weniger Lösungen finden als in den vergangenen Tagen. Die, die Sie aber finden, sorgen später in der Ideenentwicklung für einen hohen Grad an Originalität und Genialität! Wenn Ihnen diese Art der Recherche und des Denkens Spaß macht, können Sie den vierten Rechercheschritt auch auf zwei, drei oder mehr Tage ausweiten. Durch diese Inspirationen kommen Sie später auf die wahren Ideenperlen.

Ihr Tool

Ideenschwamm (Seite 66)

Ihre Ergebnisse

Notieren Sie alle Inspirationen, die Sie am heutigen Tag beziehungsweise in den Recherchetagen des vierten Schrittes gefunden haben.
Sortieren Sie sie danach, ob Sie sie als Ganzes umfunktionieren und in
Ihr Suchgebiet transferieren können, lediglich Teile umfunktionieren
und transferieren oder ob Sie die Inspiration verändern müssen und sie
dann transferieren können. Genau wie gestern können Sie auch Inspirationen festhalten, die Sie interessant finden, bei denen Ihnen aber
noch die Idee zum Transfer fehlt.

Als Ganzes zweckent- fremden und transferieren	Teile zweckent- fremden und transferieren	Verändern, zweckent- fremden und transferieren	Festgehaltene Inspirationen: Interessant, aber es fehlt die Idee zum Transfer

Tag 15: Inspirationen zusammenfassen

Das tun Sie heute

Heute ist der Tag, an dem Sie alle Inspirationen noch einmal durchgehen, sie sortieren, sie priorisieren und mit anderen darüber diskutieren. Holen Sie sich Input von anderen Kreativen, von Freunden und Bekannten oder von Arbeitskollegen. Fragen Sie sie, wie sie die Inspirationen beurteilen würden.

Ihr Ziel

Die Suche nach Inspirationen ist keine wissenschaftliche Arbeit! Es geht nicht darum, die vermeintlich »richtigen« Inspirationen zu finden und die »falschen« Inspirationen auszusortieren. Was Ihren Kopf anregt, halten Sie fest. Inspirationen, die Ihnen nicht weiterhelfen, werfen Sie weg oder – wenn Sie sie möglicherweise später gebrauchen könnten – parken sie. Formulieren Sie für sich oder für andere, die Sie in die Ideenfindung einbeziehen, sogenannte »Querdenkfragen«.

Ihr Tool

Ideenschwamm (Seite 66)

Ihre Ergebnisse

Am Ende dieser Woche sollten Sie zwischen zehn und zwanzig Inspirationen haben, die Ihren Kopf zum Funken bringen. Sie brauchen keine Tabelle und kein formelles Priorisierungsinstrument – bewerten Sie die Qualität der Inspirationen intuitiv. Möglicherweise haben Sie bereits erste Ideen im Kopf. Notieren Sie sie. Sie sind eine gute Grundlage für die nächste Woche.

Ihre Wochenbilanz

Der Blick über den Tellerrand führt häufig zu zwei Ergebnissen: Sie erhalten viele Inspirationen, die Sie bereichern und die Ihnen helfen, schneller zu neuen Ideen zu gelangen. Diese Inspirationen werden Ihnen unmittelbar bei der Ideenentwicklung helfen. Sie werden sich aber auch außerhalb des Projekts immer wieder in Situationen finden, in denen Ihnen plötzlich eine Idee kommt, die auf den Inspirationen beruht, die Sie gefunden haben.

Zum anderen gewinnen Sie aber auch Respekt vor den vielen Ideen, die andere bereits vor Ihnen gehabt haben. Nehmen Sie das als Ihr persönliches Lernergebnis dieser Woche mit. Ideenentwicklung beginnt immer einfach. Man denkt, es könne doch so schwer gar nicht sein. Wenn Sie aber davon ausgehen, dass selbst die Entwicklung einer Babywindel mittlerweile die Konzentration verschiedenster Forscher aus Bereichen wie Spezialchemie, Spinnvlies und Maschinenbau erfordert, kann man schwer erwarten, dass man mit dem ersten naheliegenden Einfall bereits als das große Genie von nebenan gefeiert wird.

Das ist im ersten Moment möglicherweise frustrierend. Aber auch das ist normal: Wenn Sie Ihre kreativen Ansätze mit erfolgreichen Ideen anderer vergleichen, befinden Sie sich bereits in der kreativen Champions League. Gönnen Sie sich – wie nach jeder Woche – eine Pause. Fassen Sie aber für sich noch einmal kurz das Wichtigste zusammen.

Die wichtigsten drei Erkenntnisse für mich in dieser Woche waren

1.

2.

3.

Woran habe ich am meisten Spaß gehabt?

Welche Fragen will ich Anfang nächster Woche unbedingt beantworten?

> Warum möchte ich weitermachen? Was motiviert mich?

Und jetzt: Viel Spaß in Ihrer freien Zeit! Machen Sie etwas, das Sie inspiriert. Besuchen Sie eine Kunstausstellung, bauen Sie mit Ihren Kindern eine Holzbrücke aus Materialien, die Sie im Wald finden, gehen Sie in einen Comedy Club oder schauen Sie sich einen besonders einfallsreichen Film an. Thomas Edison – das haben Sie ja bereits erfahren – bediente sich häufiger bei den Denkweisen von William Shakespeare. Er besuchte in seiner Freizeit vorzugsweise Stücke des englischen Dichters. Sie können natürlich auch etwas ganz anderes tun und mit Ihrem Partner beziehungsweise Ihrer Partnerin eine neue Sportart erfinden. Falls Sie ein Musikinstrument spielen, lassen Sie die Noten weg und komponieren Sie Ihren eigenen Song. Oder kochen Sie experimentell: Fisch mit Banane, Schokoladenglasur mit Pfeffer, Hühnchen mit Blumen und Gin. Egal was: Hauptsache, es ist etwas Kreatives und Ausgefallenes. Und Hauptsache, es inspiriert Sie. Mit diesem kleinen »Kreativurlaub« bereiten Sie sich unbewusst auf die nächste Woche vor. Und verraten Sie uns bitte irgendwann, ob man Hühnchen mit Blumen und Gin essen kann ...

Teil 2: Das Sechs-Wochen-Programm zur Ideenentwicklung

Woche 4: Ideen entwickeln

Wahrscheinlich haben Sie in den vergangenen drei Wochen bereits viele Ideen gehabt, diese notiert und sich möglicherweise auch schon den einen oder anderen Gedanken über die Umsetzung gemacht. Warum jetzt noch eine ganze Woche Ideen entwickeln? Der Grund ist einfach: Mit nur einer Idee bleiben Sie häufig stecken. Sie sind so sehr auf diese einzige Idee fixiert, dass Sie sich auf sie versteifen. Und mögliche Alternativen nicht mehr in Betracht ziehen.

Bei der systematischen Ideenfindung entwickeln Sie von vornherein mehrere Ideen für das gleiche Suchfeld. Es gibt nicht nur Plan B, es gibt auch noch Plan C, Plan D und Plan E und Plan F. Jedem Plan liegt eine andere Idee zugrunde. Manchmal werden Sie sich fühlen wie im Film *Und täglich grüßt das Murmeltier*. Sie haben Ideen entwickelt, jetzt entwickeln Sie noch mehr. Und wenn Sie denken, dass Sie genügend Ideen haben, fangen Sie noch einmal von vorne an und überlegen, ob Sie das Problem nicht noch viel besser lösen können. Oder ob eine andere Inspiration Sie vielleicht auf Gedanken bringt, die Sie noch nicht berücksichtigt haben.

Statt nur dem erstbesten naheliegenden Einfall zu folgen, setzen Sie Ihre Ideen von vornherein einem Wettbewerb aus. Schließlich wollen Sie nicht irgendeine Idee umsetzen, sondern die beste. Und wenn sich die beste Idee als nicht umsetzbar erweist, nehmen Sie eben die zweitbeste. Oder drittbeste. Sie haben ja genug. Mit dieser Strategie, viele Ideen innerhalb eines engen Suchfelds zu entwickeln, erhöhen Sie die Wahrscheinlichkeit, geniale Ideen zu entwickeln, erheblich.

Tag 16: Ideen wie am Fließband entwickeln

Das tun Sie heute

Sie entwickeln mithilfe der Inspirationen, die Sie in der letzten Woche recherchiert haben, Ideen. Eine nach der anderen. Und so viele wie möglich. Es geht nicht darum, gleich auf Anhieb nobelpreisverdächtige Ideen zu haben. Heute ist der Tag der Vielfalt!

Ihr Ziel

Am Ende des heutigen Tages haben Sie – wenn Sie sich auf die Ideengenerierung konzentrieren – alleine bis zu fünfzig Ideen entwickelt. Wenn Sie Freunde, Kollegen oder möglicherweise sogar Ihre Kunden hinzuziehen, sind schnell bis zu zweihundert Ideen entwickelt. Formulieren Sie diese Ideen so einfach wie möglich. Wenn möglich, visualisieren Sie sie durch Skizzen oder Fotomontagen.

Ihr Tool

Das Kaleidoskop (Seite 73)

Ihre Ergebnisse

Halten Sie Ihre Ideen von vornherein richtig fest. Nicht in einer fast unlesbaren Stichwortliste, sondern auf Ideenkarten. Eine Vorlage finden Sie hier.

Titel der Idee

Beschreibender Halbsatz

Drei Sätze zur Erklärung

Nutzen der Idee

Reasons to Believe (Warum glauben Sie an diese Idee?)

Die Technik des Kaleidoskops ist so effektiv, dass wir sie bei der Entwicklung unseres Ideeologen Online Tools zur systematischen Ideenentwicklung zu einer der zentralen Funktionen gemacht haben. Kunden, die das Tool unternehmensintern nutzen, haben Zugriff auf eine Inspirationsdatenbank, in der mittlerweile mehr als tausend Inspirationen zu unterschiedlichsten Themen enthalten sind. Mithilfe dieser Inspirationen werden Ideen entwickelt und direkt online gestellt. Andere Teilnehmer können Anregungen geben, mit deren Hilfe die Idee überarbeitet wird. So reifen Ideen Stück für Stück.

Falls Sie mit dem Ergebnis noch nicht zufrieden sind, ist das kein Beinbruch. Manchmal muss man den Prozess der Ideengenerierung zwei-, drei- oder sogar viermal wiederholen. Mit anderen Teilnehmern, in einer anderen Tagesform oder an einem Ort, an dem man sich besser konzentrieren kann. Nicht anders machen wir es in unseren Ideen-Workshops. Dort haben wir häufig folgende Situation: In der ersten Ideenfindungsrunde wurden für Suchfeld 1, 2 und 3 viele Ideen entwickelt. In Suchfeld 4 allerdings blieb es bei einem Ideen-Rinnsal. Wir teilen die Gruppe dann auf: Für die Suchfelder 1 bis 3 werden bereits Konzepte entwickelt, für Suchfeld 4 geht es zurück in die Ideenfindung. Dort nehmen wir dann andere Techniken wie DIAS, den Rahmenwechsel oder den Druckkessel.

Tag 17: Priorisieren und clustern mit dem GOLD-Test

Das tun Sie heute

Mit einem Tag Abstand gehen Sie noch einmal alle Ideen durch. Finden Sie Ideen, die sich sehr ähnlich sind? Überprüfen Sie, ob Sie sie zu einer Idee zusammenfassen können. Finden Sie Ideen, die Ihnen – nachdem Sie eine Nacht drüber geschlafen haben – einfach nur dämlich vorkommen? Das sind die Kollerateralschäden der Ideenfindung. Werfen Sie sie weg. Anschließend priorisieren Sie die Ideen, die übrig bleiben. In dieser ersten Runde der Ideenbewertung folgen Sie mehr Ihrer Intuition und Ihrem Bauchgefühl als hochrationalen Kriterien. Warum? Weil wir sonst das 16-Wochen-Programm hätten entwickeln müssen. Es dauert einfach viel zu lange, eine hohe Ideenanzahl nach rationalen Kriterien zu beurteilen. Natürlich können Sie versuchen, hundert Ideen nach jeweils acht Kriterien zu beurteilen. Jede Wette, dass Sie spätestens ab Idee Nr. 50 beginnen, willkürlich und im Halbschlaf irgendwelche Kreuze zu setzen. Bringt das wirklich etwas? Zudem gibt es ja noch nicht einmal Konzepte. Woher wissen Sie dann, was Sie genau beurteilen? Haben Sie also keine Angst vor Ihrer Intuition!

Ihr Ziel

Am Ende des heutigen Tages haben Sie nicht mehr fünfzig, hundert oder sogar zweihundert Ideen, sondern noch ein Zehntel davon. Sie müssen die anderen Ideen nicht endgültig wegwerfen. Aber es macht keinen Sinn, sich auf fünfzig Ideen gleichzeitig zu konzentrieren.

Ihr Tool

GOLD-Test (Seite 93)

Ihre Ergebnisse

Erstellen Sie eine Ranking-Liste für die Ideen. Notieren Sie, welche der Ideen alle vier Kriterien erfüllen und welche nur zwei oder drei Merkmale erfüllen. Der Goldtest ist eine intuitive Methode der Priorisierung. Er stellt in dieser Phase eine Entscheidungshilfe dar. Machen Sie aus der Bewertung keine wissenschaftliche Arbeit!

Idee	Genial?		Originell?		Leicht umsetzbar?		Denkbar?	
	Ja	Nein	Ja	Nein	Ja	Nein	Ja	Nein
	❏	❏	❏	❏	❏	❏	❏	❏
	❏	❏	❏	❏	❏	❏	❏	❏
	❏	❏	❏	❏	❏	❏	❏	❏

Sie haben immer noch zu viele Ideen? Versuchen Sie es damit, dass Sie statt nur ja oder nein anzugeben, Punkte vergeben. Beispielsweise von eins (schwach ausgeprägt) bis fünf (sehr ausgeprägt). Lassen Sie auch Freunde, Kollegen und Außenstehende mit bewerten.

Verabschieden Sie sich anschließend radikal von den Ideen, die zu wenig Punkte haben. Wir nennen es: Kill your darlings. Auch wenn es wehtut.

Tag 18: Aus Ideen werden Konzepte

Das tun Sie heute

Sie vertiefen die Top-Ideen, die sich gestern als die Erfolg versprechendsten herausgestellt haben. Die Ideen nehmen im Laufe des heutigen Tages mehr und mehr Gestalt an.

Ihr Ziel

Bis zum Abend sollten Sie für jede der Ideen folgende Fragen beantwortet haben:
- Wer sind die verschiedenen Zielgruppen der Idee und welchen Nutzen stiftet die Idee für die jeweilige Zielgruppe?
- Wie kann die Idee noch detaillierter beschrieben werden?
- Wie kann die Idee umgesetzt werden?

Ihr Tool

Siehe unten.

Ihre Ergebnisse

Beantworten Sie die Fragen unten. Notieren Sie die Antworten in die entsprechenden Felder.

Wer sind die verschiedenen Zielgruppen? Welchen Nutzen schafft die Idee den Zielgruppen?		
Zielgruppe 1	Zielgruppe 2	Zielgruppe 3

Weitere Details der Idee

Wie kann die Idee umgesetzt werden?

Welche meiner/unserer Lösungskompetenzen kann ich/können wir hier einsetzen?

Chancen und Risiken der Idee

Sie haben nicht alle Ideen zu Konzepten weiterentwickeln können? Woran liegt das? Wissen Sie nicht, wie sich Ideen beispielsweise umsetzen lassen könnten? Haben Sie das Gefühl, dass die Risiken die Chancen überwiegen? Möglicherweise überstehen einige Ideen die Konzeptphase nicht. Letztlich ist das gut. Schließlich wollen Sie am Ende erfolgreich umgesetzte Ideen haben.

Tag 19: Konzepte priorisieren

Das tun Sie heute

Fünf, zehn oder zwanzig Konzepte lassen sich tiefer durchdenken als fünfzig, hundert oder zweihundert Ideen. Im Vergleich zum Goldtest stellen Sie nun Kriterien auf und bewerten die Konzepte danach, was Ihnen am wichtigsten ist. Sie werden es in der Praxis häufiger erleben, dass Ideen widersprüchlich sind. Sie unterstützen beispielsweise die Unternehmensstrategie, bieten jedoch keinen hohen Wettbewerbsvorteil. Oder aber Sie haben ein hohes Umsatz- und Gewinnpotenzial, unterstützen aber nicht die Unternehmensstrategie.

Ihr Ziel

Am Ende des heutigen Tages haben Sie einen vielschichtigeren Blick auf Ihre Konzepte entwickelt. Sie wissen, welches Konzept unter welchem Gesichtspunkt das beste ist. Nehmen Sie nicht mehr als drei bis fünf Konzepte mit in den nächsten Tag. Nur wenn Sie ein größeres Team haben, können Sie mehr Konzepte bewältigen.

Ihr Tool

Kriterienanalyse (Seite 102)

Ihr Ergebnis

Eine Tabelle, mit der Sie die verschiedenen Kriterien mit einer Zahl von eins bis fünf bewertet haben. Wenn Sie diese Tabelle in Excel erstellen, haben Sie die Möglichkeit, über Sortier- und Priorisierungsfunktionen die Bewertung Ihrer Konzepte auf vielschichtige Art und Weise vorzunehmen.

Kriterium	Konzept 1	Konzept 2	Konzept 3	Konzept 4
Nutzen für Kunden				
Nutzen für Partner				
Nutzen für mein Unternehmen				
Nutzen für mich				
Umsatzpotenzial				
Gewinnpotenzial				
Marktgröße				
Konkurrenz				
Geschwindigkeit der Umsetzung				
Erfolgsaussichten				
Deckung mit Lösungskompetenzen				
...				

Die Kriterien sind Vorschläge. Sie können sie um weitere ergänzen und Kriterien herausstreichen. Was passiert, wenn es kein eindeutiges Siegerkonzept gibt? Gehen Sie noch einmal in sich und überlegen Sie sich, was für Sie am wichtigsten ist. Spielt die Geschwindigkeit der Umsetzung eine große Rolle? Dann sollten Sie relativ hohe Werte bei den Erfolgsaussichten und der Deckung mit den Lösungskompetenzen erzielen. Möglicherweise ist das für Sie momentan wichtiger als ein hohes Umsatz- und Gewinnpotenzial. Und umgekehrt: Stehen Umsatz- und Gewinnpotenzial im Vordergrund, können Sie vielleicht bei der Geschwindigkeit der Umsetzung Abstriche machen.

Tag 20: Finale Ideen auswählen

Das tun Sie heute

Sie betrachten die Konzepte und ihre Bewertung noch einmal mit einem Tag Abstand. Sind Sie sicher, dass Sie die Kriterien für die Auswahl richtig priorisiert haben? Überprüfen Sie noch einmal, ob das Ergebnis wirklich Ihren Zielen entspricht, und treffen Sie dann finale Entscheidungen für die Ideen, die Sie in der Optimierungsphase weiterentwickeln wollen.

Ihr Ziel

Auf den Punkt gebracht: Klarheit. Sie wissen am Ende des heutigen Tages, welche Ideen Sie priorisieren wollen. Das bedeutet nicht, dass Sie nicht irgendwann einen Schritt zurückgehen können. Aber zunächst einmal wissen Sie, auf welche Konzepte Sie sich konzentrieren wollen.

Ihre Tools

Kriterienanalyse (Seite 102) und Ihre persönliche Motivation (siehe unten)

Ihre Ergebnisse

Schreiben Sie die Konzepte auf, die Sie weiterentwickeln wollen. Machen Sie zu jedem Konzept Bemerkungen, warum Sie persönlich dieses Konzept vorantreiben wollen. Diese Notizen dienen Ihnen später – wenn Sie möglicherweise in einer Frustrationsphase sind – als Motivation.

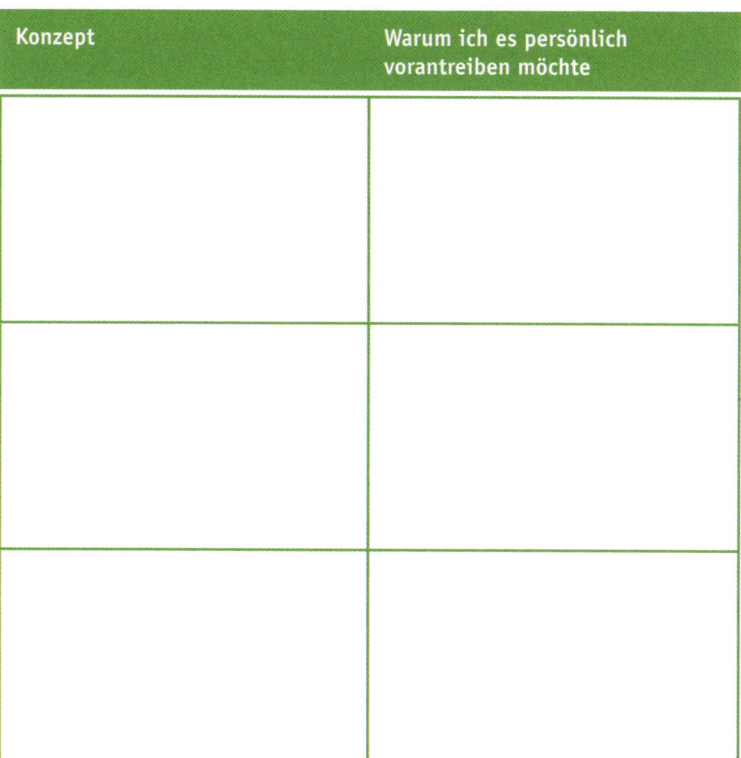

Konzept	Warum ich es persönlich vorantreiben möchte

Ihre Wochenbilanz

Ein sehr wichtiger Teil des Ideenentwicklungsprozesses ist geschafft! Durch Ihre gute Vorbereitung der ersten drei Wochen ist es Ihnen wahrscheinlich wesentlich leichter gefallen, Ideen und Konzepte zu generieren, als wenn Sie sich nur an einen Tisch gesetzt hätten und versucht, ein weißes Blatt Papier zu beschreiben.

Es ist wieder Zeit für das Inkubationsritual am Ende jeder Woche. Machen Sie an diesem Wochenende ruhig etwas vollkommen Unkreatives. Beispielsweise Ihre Steuererklärung. Machen Sie sich zuvor, wie auch in den vergangenen Wochen, Ihre persönlichen Notizen zur Woche.

Die wichtigsten drei Erkenntnisse für mich in dieser Woche waren

1.

2.

3.

Woran habe ich am meisten Spaß gehabt?

Welche Fragen will ich Anfang nächster Woche unbedingt beantworten?

Warum möchte ich weitermachen? Was motiviert mich?

Teil 2: Das Sechs-Wochen-Programm zur Ideenentwicklung

Woche 5: Optimieren

Thomas Edison hat einmal gesagt: »Genie ist ein Prozent Inspiration und 99 Prozent Transpiration.« Das eine Prozent haben Sie gut abgearbeitet, jetzt beginnt der Rest. Was wir Ihnen in dieser Woche geben, sind drei Prophezeiungen. Prophezeiung Nummer eins: Sie werden scheitern. Prophezeiung Nummer zwei: Sie werden frustriert sein. Und Prophezeiung Nummer drei: Andere werden Sie für verrückt erklären und sagen:»Gib auf, es funktioniert nicht.« Diese Phase der Ideenentwicklung ist mit Abstand die härteste. Thomas Edison beschrieb es so:»Der erste Schritt ist eine Intuition und sie kommt mit einem Knall. Dann kommen die Schwierigkeiten: Erst passiert dies, dann das ... Monate intensiver Beobachtung, intensiven Studierens und intensiver Arbeit werden benötigt.«

Wer erfolgreiche Ideen entwickeln will, muss durchhalten. Es braucht fast immer mehrere Anläufe, um sie so zu entwickeln, dass sie rundum genial sind. Das werden Sie in dieser Woche tun. Sie feilen so lange an Ihren Konzepten herum, bis Sie sprichwörtlich den Diamanten geschliffen haben. Sie werden Ihren Kopf dafür öffnen, stets in Konzeptalternativen zu denken und sich nicht zu früh auf nur eine Variante festzulegen. Mit dieser Einstellung treiben Sie übrigens alle Mitmenschen in den Wahnsinn, denen Pläne und strukturiertes Vorgehen wichtiger sind als Genialität und die eher eine mittelmäßige Lösung akzeptieren, als dass sie von einem einmal eingeschlagenen Weg abweichen.

Sie werden eine Reihe von Tools kennenlernen, die Sie dabei unterstützen. Das Wichtigste ist aber: durchhalten!

Tag 21: Verwandlungsbox entwickeln

Das tun Sie heute

Sie zerlegen Ihr Konzept in die einzelnen Bestandteile. Wir nennen es die »kreativen Stellhebel«. Es sind die Faktoren, die Sie an Ihrem Konzept jederzeit verändern können. Bei einem Produkt kann es zum Beispiel die Farbe, die Größe, die Form und der Name sein. Mithilfe dieser kreativen Stellhebel entwickeln Sie die Verwandlungsbox: Eine Tabelle, in die Sie später in jeder Spalte möglichst viele Alternativen für jeden Bestandteil Ihres Konzepts eintragen. Die Stellhebel zu finden, ist nicht einfach. Sie müssen häufiger einmal Wege ausprobieren und wieder verwerfen. Die Entwicklung einer Verwandlungsbox ist sogar aufwendiger als sie später auszufüllen.

Ihr Ziel

Am Ende des heutigen Tages sind Sie bereit, systematisch nach Konzeptalternativen zu suchen.

Ihr Tool

Verwandlungsbox (Seite 96)

Ihr Ergebnis

Ihre persönliche Verwandlungsbox, mit der Sie Konzeptalternativen entwickeln können.

Veränderbares Merkmal 1	Veränderbares Merkmal 2	Veränderbares Merkmal 3	Veränderbares Merkmal 4	Veränderbares Merkmal 5

Um Ihnen den Start leichter zu machen, einige typische Stellhebel, die wir in Ideenfindungsprozessen immer wieder einsetzen.

- Bei Produktentwicklungen nehmen wir Faktoren wie Form, Farbe, Größe, Konsistenz, eingesetzte Materialien, Zielpreis, aber auch Name, Positionierung, emotionale Wirkung etc.
- Bei technischen Problemstellungen sind es Stellhebel wie Wirkungsprinzipien, Art der verwendeten Bauteile, Anzahl der verwendeten Bauteile, Preis der Lösung etc.
- Bei Geschäftsmodellen können es Faktoren wie Primärnutzen für Kunden, Rolle des Kunden (passiver Konsument, aktiver Gestalter), Ertragsmechanik, Preismodell oder unterschiedliche Vertriebsprozesse sein.

Machen Sie ein Gedankenexperiment: Sie zerlegen Ihre Idee in Einzelteile und überlegen, wie Sie die einzelnen Bestandteile möglichst gewinnbringend als Konzept verkaufen können: Das einzigartige Design, den Produktnamen, die einzelnen Bestandteile einer technischen Lösung etc. Diese Eselsbrücke hilft Ihnen. Fragen Sie auch Freunde, Bekannte, Kollegen oder Experten aus anderen Bereichen, wie sie das Konzept ändern würden. Mit dem Blick von außen ist es häufig einfacher.

Tag 22: Die Verwandlungsbox füllen

Das tun Sie heute

Sie tragen zu jedem Stellhebel möglichst viele Alternativen in die einzelnen Spalten ein. Bei Farben, Formen und Größe ist das noch recht einfach, spätestens aber, wenn Sie beispielsweise nach Alternativen für Materialien oder Geschäftsmodelloptionen suchen, müssen Sie stärker recherchieren. Beim Ausfüllen der Verwandlungsbox werden Sie schnell spüren, wie viele Alternativen Sie bei der unsystematischen Ideenentwicklung übersehen haben.

Thomas Edison war ein Meister darin, verschiedene Varianten zu entwickeln. Für jede einzelne Erfindung, aber vor allem wenn es darum ging, einzelne seiner Erfindungen zu einem Gesamtsystem weiterzuentwickeln. Beim System des elektrischen Lichts entwickelte er knapp zweitausend verschiedene Konzeptvarianten mit unterschiedlichsten Ideen, wie die einzelnen Komponenten zusammenspielen.

Ihr Ziel

Am Ende des heutigen Tages haben Sie die Grundlage für die Entwicklung kreativer Konzeptvarianten geschaffen.

Ihr Tool

Verwandlungsbox (Seite 96)

Ihr Ergebnis

Eine Tabelle mit mindestens drei bis fünf Alternativen für jeden kreativen Stellhebel, den Sie identifiziert haben.

Veränderbares Merkmal 1	Veränderbares Merkmal 2	Veränderbares Merkmal 3	Veränderbares Merkmal 4	Veränderbares Merkmal 5
Alternative 1	Alternative 1	Alternative 1	Alternative 1	Alternative 1
Alternative 2	Alternative 2	Alternative 2	Alternative 2	Alternative 2
Alternative 3	Alternative 3	Alternative 3	Alternative 3	Alternative 3

Bei der Suche nach Alternativen für Ihr Konzept hat es sich bewährt, nicht im eigenen Saft zu schmoren. Fragen Sie Freunde, Bekannte oder Kollegen:»Hat jemand eine Idee, welche Formen man für dieses Produkt noch nehmen könnte?« Wenden Sie noch einmal die Inspirationsstrategie aus der dritten Woche an. Gehen Sie auf die Suche nach außergewöhnlichen Formen, die Sie begeistern, nach Wirkungsprinzipien aus anderen Branchen oder nach genialen Marketingstrategien.

Gerade wenn Sie das Gefühl haben, Sie sind mit Ihrer Idee nicht alleine, wenn Sie bei Ihrer Recherche schon auf ähnliche Lösungsansätze gestoßen sind, brauchen Sie Konzeptkreativität! Nicht jede Idee, die erfolgreich ist, ist so originell und einzigartig, wie sie scheint. Die wirkliche Originalität und Einzigartigkeit steckt dann im kreativen Konzept.

Tag 23: Varianten aufbauen

Das tun Sie heute

Ziehen Sie Verbindungen zwischen den einzelnen Merkmalen, die Sie den verschiedenen Spalten zugeordnet haben. Entwickeln Sie Konzeptvarianten, das heißt bewusst verschiedene Alternativen Ihres Konzepts. Vielleicht fragen Sie sich: »Warum soll ich das tun? Mein Konzept ist doch schon perfekt!« Tun Sie es trotzdem. Sie bauen Alternativen auf, die immer dann wertvoll sind, wenn ein Konzept auf Hindernisse stößt. Sie haben dann mehr Varianten zum Ausweichen.

Ihr Ziel

Am Ende des heutigen Tages sollten Sie drei bis fünf klar voneinander abgrenzbare Konzeptvarianten haben. Bei der späteren Umsetzung werden sich diese Konzeptvarianten möglicherweise wieder vermischen. Sie würden aber nie zu diesen Alternativen gelangen, wenn Sie die Konzeptvarianten nicht zuvor ausgearbeitet hätten.

Ihr Tool

Verwandlungsbox (Seite 96)

Ihre Ergebnisse

Das Ergebnis ist eigentlich die gleiche Tabelle wie gestern. Sie ist nur anders aufgebaut. In den Spalten ordnen Sie den verschiedenen Varianten die Merkmale zu. Dazu dient Ihnen diese Tabelle.

	Variante 1	Variante 2	Variante 3	Variante 4
Veränderbares Merkmal 1				
Veränderbares Merkmal 2				
Veränderbares Merkmal 3				
Veränderbares Merkmal 4				

Achtung! In den verschiedenen Varianten können durchaus einzelne Merkmale doppelt auftauchen! Das ist sogar sinnvoll. Wenn Sie beispielsweise ein Getränk entwickeln, das besonders jung sein soll, verändern Sie zunächst die Geschmacksrichtungen, behalten aber Form und Name bei. Im nächsten Schritt bleibt die Geschmacksrichtung stabil, Sie ändern nur Form und Name. Und so weiter. Achten Sie aber darauf, dass Sie nicht ausschließlich Konzepte erhalten, die nur marginale Änderungen haben. Dann haben Sie am Ende zwar eine Vielzahl unterschiedlichster Konzepte, aber irgendwie sind doch alle gleich...

Und wenn Sie nicht genügend wirklich unterscheidbare Alternativen gefunden haben? Wenn Sie wirklich das Gefühl haben, es ist immer das gleiche Konzept mit geringfügigen Änderungen?

Gehen Sie zurück zu Tag 21 und überlegen Sie, ob Sie wirklich die richtigen Stellhebel gefunden haben. Versuchen Sie, die Stellhebel zu verändern, andere zu finden oder die bestehenden neu zu formulieren. Wenn Sie die richtigen Stellhebel identifiziert haben, finden sich immer Alternativen.

Tag 24: Beste Variante aussuchen

Das tun Sie heute

Sie entscheiden sich, ob Sie aus den verschiedenen Konzeptvarianten das Beste zu einem Konzept zusammenfügen, eine der Konzeptvarianten verfolgen oder möglicherweise sogar zwei bis drei Konzeptvarianten parallel weiterentwickeln wollen. Haben Sie keine Angst davor, eine Entscheidung zu treffen. Wenn sich das Konzept, das Sie heute aussuchen, nicht umsetzen lässt, haben Sie genügend Alternativen erarbeitet.

Ihr Ziel

Am Ende des heutigen Tages sollten Sie Klarheit darüber haben, was Sie umsetzen wollen. Der heutige Tag dient auch dazu, Kraft zu tanken. Anfang nächster Woche muss das Konzept mitsamt des Umsetzungsplans, den Sie morgen machen, einen ersten Härtetest bestehen. Je tiefer Sie Ihr Konzept durchdacht haben, desto besser.

Ihr Tool

Kriterienanalyse (Seite 102)

Ihr Ergebnis

Sie haben mithilfe der Kriterienanalyse verschiedene Konzeptvarianten bewertet. Am Ende des heutigen Tages sollten Sie von Ihrem Konzept nicht nur persönlich überzeugt sein, sondern auch über eine fundierte Analyse verfügen, mit der Sie später argumentieren können.

Kriterium	Konzept 1	Konzept 2	Konzept 3	Konzept 4
Nutzen für Kunden				
Nutzen für Partner				
Nutzen für unser Unternehmen				
Nutzen für mich				
Wettbewerbsvorteil				
Umsatzpotenzial				
Gewinnpotenzial				
Marktgröße				
Konkurrenz				
Geschwindigkeit der Umsetzung				
Erfolgsaussichten				
Deckung mit Lösungskompetenzen				
…				

Haben Sie die Bewertung heute nicht vollständig geschafft? Lassen Sie sich ein bis zwei Tage länger Zeit. Fragen Sie Kollegen, Arbeitskollegen oder Experten. Vergessen Sie dabei bitte nicht, dass die Kriterienanalyse in erster Linie Ihnen helfen soll. Nur weil ein Experte der Meinung ist, eine bestimmte Variante sei die beste, heißt das noch nicht, dass dies auch für Sie die beste Lösung ist. Sie sollen die Idee später umsetzen, nicht der Experte!

Tag 25: Umsetzungsplan erarbeiten

Das tun Sie heute

Natürlich haben Sie sich bereits in der Phase der Konzeptentwicklung darüber Gedanken gemacht, wie man eine Idee umsetzen kann. Heute geht es darum, aus diesen Gedanken einen Umsetzungsplan zu erstellen. Das ist noch nicht der finale Plan. Im Gegenteil: Zu Beginn der sechsten Woche wird der Plan gleich wieder zerrissen. Der Plan, den Sie heute erstellen, hat zwei Ziele: Erstens soll die Umsetzung in Ihrem Kopf langsam Gestalt annehmen. Zweitens brauchen die Kritiker am nächsten Montag etwas, woran Sie sich reiben können.

Ihr Ziel

Am Ende des heutigen Tages sollten Sie eine vage Vorstellung davon haben, wie sich Ihre Idee mit dem dazugehörigen Konzept in die Praxis umsetzen lässt. Sie kennen jetzt die nächsten Schritte, die Sie verfolgen können.

Ihr Tool

Rückwärtsdenken (siehe Tabelle unten)

Ihr Ergebnis

Da Sie immer mit der erfolgreichen Umsetzung anfangen, haben Sie wirklich einen Plan vom Anfang bis zum Ende. Dass das vielleicht nicht realistisch ist, ist klar. Machen Sie sich darüber bitte keine Gedanken. Erst an Tag 26 schlägt die Realität mit voller Härte zu.

Wann?	Was?	Warum?
In einem Jahr	Die Idee wird erfolgreich eingeführt.	
In elf Monaten	Die Idee muss noch einmal überarbeitet werden, es gibt letzte Unklarheiten.	
In zehn Monaten	Die Idee geht in ihren zweiten Akzeptanztest.	
In neun Monaten	Nach dem ersten Akzeptanztest muss die Idee komplett überarbeitet werden.	
In acht Monaten	Die Idee geht in den ersten Akzeptanztest.	
In sieben Monaten	Der Prototyp der Idee ist fertig.	
In sechs Monaten	Die Genehmigung zur Erstellung eines Prototypen ist da.	
In fünf Monaten	Die Entscheidung verzögert sich um einen weiteren Monat.	
In vier Monaten	Das überarbeitete Konzept liegt zur Entscheidung vor.	
In drei Monaten	Das Konzept wird überarbeitet.	
In zwei Monaten	Die erste Version des Konzepts wird abgelehnt und mit der Bitte um Überarbeitung zurückgegeben.	
In einem Monat	Das Konzept ist präsentationsfertig.	

Sie können die Tabelle natürlich auch anders ausfüllen als wir in diesem Beispiel. Das Wichtigste für Sie ist zu klären: Welche Hürden muss die Idee bis zur erfolgreichen Einführung nehmen? Und wie lassen sich diese Hürden überwinden?

Ihre Wochenbilanz

Wahrscheinlich ahnen Sie jetzt, warum Edison Genie als ein Prozent Inspiration und 99 Prozent Transpiration bezeichnete. Vermutlich war die Woche so anstrengend, dass Sie »platt« sind. Es wird Zeit, dass Sie ins normale Leben zurückkehren. Sie brauchen ein freies Wochenende, um die hohe Komplexität der Woche zu verarbeiten. Außerdem müssen Sie sich mental auf die Realität vorbereiten.

Sie kennen das bereits: Notieren Sie für sich, was die wesentlichen Erkenntnisse dieser Woche waren, woran Sie am meisten Spaß gehabt haben, welche Fragen Sie Anfang nächster Woche unbedingt beantworten wollen, und – das ist nach dieser Woche ganz wichtig! – motivieren Sie sich selbst mit Gründen, warum Sie nächste Woche weitermachen wollen. Ab ins Wochenende!

Die wichtigsten drei Erkenntnisse für mich in dieser Woche waren
1.

2.

3.

Woran habe ich am meisten Spaß gehabt?

Welche Fragen will ich Anfang nächster Woche unbedingt beantworten?

Warum möchte ich weitermachen? Was motiviert mich?

Und jetzt: Viel Spaß in Ihrer kreativitätsfreien Zeit!

Teil 2: Das Sechs-Wochen-Programm zur Ideenentwicklung

Woche 6: Nutzen

Wovor haben die meisten Erfinder Angst? Vor der Realität. Plötzlich kommen böse Experten, böse Kollegen oder im schlimmsten Fall sogar böse Kunden, die alles das, was man sich in den letzten Wochen mühsam im eigenen Kopf aufgebaut hat, wieder zerstören. Genau das ist aber der Unterschied zwischen erfolglosen und erfolgreichen kreativen Menschen, zwischen Erfindern, die sich als verkanntes Genie sehen, und Innovatoren, die Ideen erfolgreich umsetzen. Kreativität braucht Realität!

Bisher haben Sie bewusst in einer Art geschütztem Naturreservat gedacht und gehandelt. Das war wichtig, um kreative Gedanken nicht zu früh abzuwürgen. Irgendwann ist Schluss mit dem Träumen. Sie brauchen Kritik! Davon werden Sie in dieser Woche reichlich erhalten. Das wird wehtun. Versprochen ... Gerade am Anfang werden Sie denken, die Welt habe sich gegen Sie und Ihre Konzepte verschworen. Sie werden häufiger Ihren Erfinderstolz schlucken müssen. Deshalb möchten wir Sie schonend auf die nächsten Tage vorbereiten und Ihnen sagen, warum Sie sich das alles antun sollten:

Gute Kritik hilft Ihnen, Ihre Idee und Ihr Konzept mitsamt des Umsetzungsplans zu schärfen. Sie werden die Schwachpunkte gnadenlos erkennen. Möglicherweise müssen Sie noch einmal zurück in Phase fünf, im schlimmsten Fall sogar noch einmal von vorne anfangen. Letzteres wäre natürlich bitter. Offen gesagt haben wir es noch nie erlebt. Aber möglich wäre es ... Wichtig ist, dass Sie immer im Hinterkopf haben, dass Ihre Idee nur durch allerhärteste Kritik am Ende erfolgreich wird.

Tag 26: Ideen zerreißen lassen

Das tun Sie heute

Sie machen heute Bedenkenträgern eine Freude. Sie bitten darum, dass Ihr Konzept und Ihr Umsetzungsplan zerrissen werden. Suchen Sie sich dazu bitte nicht den Nörgler von nebenan aus, der jede Idee mit den Worten »Geht sowieso nicht!« abwürgt, sondern die Menschen, vor deren messerscharfen Analysen Sie Angst haben. Diese Menschen sind Ihre größten Verbündeten auf dem Weg zur erfolgreichen Umsetzung! Sie nehmen alle Kritikpunkte auf und bedanken sich dafür.

Ihr Ziel

Am Ende des heutigen Tages kennen Sie die wesentlichen Punkte, an denen Ihr Konzept scheitern könnte. Betrachten Sie das als kreative Kopfnuss. Morgen entwickeln Sie darauf aufbauend Ideen, um diese Hürden zu überwinden.

Ihr Tool

Die Felsbrocken-Technik (Seite 107)

Ihr Ergebnis

Eine Liste von Schwachstellen Ihrer Grundidee, des Konzepts und des Umsetzungsplans. Bitte unterscheiden Sie zwischen diesen Punkten! Häufig denkt man, eine Idee sei schlecht, dabei gibt es lediglich Kritikpunkte an Konzeptdetails oder der Umsetzungsplan weist Schwächen auf.

Kritikpunkte

Schwachstellen der Idee

1.

2.

3.

...

Schwachstellen des Konzepts

1.

2.

3.

...

Schwachstellen der Umsetzung

1.

2.

3.

...

Was passiert, wenn es keine Kritikpunkte an Ihrer Idee, Ihrem Konzept oder dem Umsetzungsplan gibt? Werden Sie misstrauisch! Wahrscheinlich waren Ihre Kritiker zu wohlwollend. Das mag persönlich schmeichelhaft sein, bringt Sie jedoch nicht weiter. Fordern Sie harte Kritik regelrecht ein! Wechseln Sie auch – soweit Sie es können – selbst in die Kritikerrolle. Überlegen Sie, welche stichhaltigen Argumente aus Ihrer Sicht gegen Ihr Konzept sprechen. Das mag schizophren klingen – erst Ideen voller Leidenschaft entwickeln und sie dann mit der gleichen Leidenschaft zerreißen – aber es gehört dazu. Wenn Sie finden, dass die Kritik immer noch zu sanft ist: Wiederholen Sie die Kritikrunde mit schärferen Kritikern!

Tag 27: Das erste überarbeitete Konzept entwickeln

Was Sie heute tun

Zunächst bewerten Sie die Qualität der Kritik. Gehen Sie die Kritikpunkte zunächst systematisch nach der Formel »Koloss – Kiesel – Krümel« durch und überlegen Sie: Gibt es einen Kritikpunkt, der Ihr gesamtes Konzept zum Kippen bringt? Auch wenn es hart ist: Es ist besser, Sie beenden die Ideenfindung hier und fangen noch einmal von vorne an. Im zweiten Schritt überlegen Sie, welche Kritikpunkte Sie ignorieren wollen, weil sie aus Ihrer Sicht entweder nicht stichhaltig sind oder aber weil es sich um Punkte handelt, bei denen Sie schlicht und ergreifend anderer Meinung sind als der Kritiker. Im dritten Schritt überlegen Sie, welche Kritikpunkte schlüssig klingen und Sie dazu bringen, das Konzept zu verändern. Für diese Kritikpunkte entwickeln Sie jetzt Ideen, um die Hindernisse zu überwinden. Anschließend erarbeiten Sie das Konzept auf dieser Basis noch einmal neu.

Ihr Ziel

Am Ende des heutigen Tages (oder falls es länger dauert am Ende dieses Prozessschrittes) haben Sie das erste überarbeitete Konzept. Sie kennen die Schwachstellen und haben Ideen entwickelt, um sie zu überwinden.

Ihr Tool

Die Felsbrocken-Technik (Seite 107)

Ihr Ergebnis

Die Checkliste hilft Ihnen dabei, Schritt für Schritt Ideen zur Überwindung der Hindernisse zu erarbeiten. Diese Ideen sind es, die die Grundlage der erfolgreichen Ideenumsetzung bilden.

Schwachstellen der Grundidee		
Kritikpunkte	Beurteilung	Ideen zur Überwindung
1.	❑ Koloss ❑ Kiesel ❑ Krümel	
2.	❑ Koloss ❑ Kiesel ❑ Krümel	
3.	❑ Koloss ❑ Kiesel ❑ Krümel	
...		

Schwachstellen der Konzeptes		
Kritikpunkte	Beurteilung	Ideen zur Überwindung
1.	❑ Koloss ❑ Kiesel ❑ Krümel	
2.	❑ Koloss ❑ Kiesel ❑ Krümel	
3.	❑ Koloss ❑ Kiesel ❑ Krümel	
...		

Schwachstellen der Umsetzung		
Kritikpunkte	Beurteilung	Ideen zur Überwindung
1.	❑ Koloss ❑ Kiesel ❑ Krümel	
2.	❑ Koloss ❑ Kiesel ❑ Krümel	
3.	❑ Koloss ❑ Kiesel ❑ Krümel	
...		

Was tun Sie, wenn Ihnen keine Ideen einfallen, mit denen Sie Ihr Konzept optimieren können? Halten Sie an. Nehmen Sie sich für die Entwicklung dieser Ideen mehr Zeit. Die meisten Menschen vergessen, dass eine erfolgreich umgesetzte Idee eigentlich eine Summe genialer Ideen ist, die in einem Konzept zusammengefasst sind. Es macht deshalb Sinn, den Prozess an dieser Stelle zu entschleunigen.

Definieren Sie verschiedene Fragestellungen, holen Sie sich Inspirationen aus anderen Bereichen und entwickeln Sie mithilfe dieser Inspirationen Ideen. Kommt Ihnen bekannt vor? Im Prinzip fangen Sie noch einmal von vorne an, diesmal jedoch bezogen auf Schwachstellen der Idee und des Konzepts sowie potenzielle Hindernisse der Umsetzung. Sie werden aber nicht noch einmal fünf Wochen brauchen, versprochen. Zum einen sind Sie jetzt fit in der Methodik, zum anderen haben Umsetzungsideen häufig einen geringeren Komplexitätsgrad.

Tag 28: Ideen noch einmal zerreißen lassen

Das tun Sie heute

Sie werden sich ein bisschen fühlen wie im Film *Und täglich grüßt das Murmeltier*. Sie machen nämlich genau das gleiche wie vorgestern. Das Konzept noch einmal präsentieren, alle Kritikpunkte lächelnd und dankbar aufnehmen und notieren. Suchen Sie sich nach Möglichkeit andere Kritiker, als Sie es vor zwei Tagen getan haben. Schließlich wollen Sie Input aus möglichst verschiedenen Bereichen haben.

Ihr Tool

Die Felsbrocken-Technik (Seite 107)

Ihr Ergebnis

Wieder eine ausgefüllte Tabelle. Genau wie zu Beginn der Woche verfügen Sie über eine Liste von Schwachstellen der Idee, Schwachstellen des Konzeptes und Schwachstellen der Umsetzung.

Kritikpunkte
Schwachstellen der Idee 1. 2. 3. ...

Kritikpunkte
Schwachstellen des Konzepts 1.   2.   3.   ...
Schwachstellen der Umsetzung 1.   2.   3.   ...

Was tun Sie, wenn heute genau das kritisiert wird, was Sie nach der ersten Kritikrunde als Verbesserungsideen aufgenommen haben? Sie wägen ab. Es gibt keine allgemeingültige Rezeptur für den Erfolg von Konzepten und Umsetzungsplänen. Im schlimmsten Fall kehren Sie zum ursprünglichen Konzept von Montag zurück und bitten einen dritten Kritiker, dies auseinanderzunehmen. Feedback-Schleifen können zermürbend sein. Im Sechs-Wochen-Programm sind zwei vorgesehen, in unserer Praxis sind es häufig zwischen zehn und zwanzig Schleifen. Falls Sie Lust daran gewinnen, können Sie den Feedback-Prozess auch ausdehnen. Dabei haben wir verschiedene Prinzipien identifiziert, denen wir immer wieder begegnen.

- Das Prinzip des Reverse Thinking: Sie machen Schritte rückgängig, die sich als falsch erweisen, ähnlich wie beim Schachspiel.
- Das Prinzip der Neufokussierung: Ein Randnutzen oder Randaspekt eines Konzepts wird zum Kernnutzen beziehungsweise Kernaspekt.
- Das Prinzip der Simplifikation: Sie schneiden immer wieder Überhänge ab und vereinfachen Konzepte.
- Das Prinzip des Merging: In der Feedback-Phase entdecken Sie ähnliche Produkte beziehungsweise Produkte eines Teilbereichs und integrieren sie.
- Das Prinzip des Katalysators: Das Konzept setzt bei Befragten Gedankenprozesse in Gang, die zu neuen Detailideen oder Umsetzungsideen führen.
- Das Prinzip der Entwicklungsumkehr: Bislang dachten Sie vom Produkt aus in Richtung Umsetzung, jetzt stellen Sie fest, dass die Umsetzung besser gelingen würde, wenn Sie das Produkt ändern.
- Das (leider frustrierendste) Prinzip des »Alles auf null«: Sie erhalten so viele gute Ideen und Anregungen, dass Sie den gesamten Entwicklungsprozess noch einmal von vorne starten.

Bitte lassen Sie sich davon nicht entmutigen. Vielleicht ist Ihnen jetzt klarer, was Thomas Edison mit den »99 Prozent Transpiration« meinte ...

Tag 29: Das zweite überarbeitete Konzept entwickeln

Das tun Sie heute

Fast das gleiche wie vorgestern. Die Betonung liegt auf fast. In der zweiten Feedback-Runde ergeben sich häufig Widersprüche zur ersten, die es zu klären gilt. Nachdem Sie wie vorgestern überprüft haben, ob Argumente existieren, die zur sofortigen Beendigung des Projekts führen, und nachdem Sie großzügig die Punkte herausgestrichen haben, die Sie ignorieren wollen, suchen Sie jetzt nach Widersprüchen, die es zu klären gilt, und notieren dann die Punkte, die es zu verändern gilt. Für diese Punkte entwickeln Sie Ideen.

Ihr Tool

Die Felsbrocken-Technik (Seite 107)

Ihr Ergebnis

Mithilfe der Checkliste unten haben Sie eine zweite überarbeitete Konzeptvariante entwickelt, die möglicherweise bereits die finale für die Präsentation beziehungsweise den Weg in die Umsetzung ist. Beachten Sie bitte das Wort »möglicherweise«. Gerade bei komplexen Geschäftsideen genügen zwei Feedback-Runden nicht. Wiederholen Sie die Kritikrunde und die Konzeptüberarbeitung so lange, bis Sie ein gutes Gefühl haben.

Schwachstellen der Grundidee

Kritikpunkte	Beurteilung	Ideen zur Überwindung
1.	❑ Koloss ❑ Kiesel ❑ Krümel ❑ Widerspruch klären	
2.	❑ Koloss ❑ Kiesel ❑ Krümel ❑ Widerspruch klären	
3.	❑ Koloss ❑ Kiesel ❑ Krümel ❑ Widerspruch klären	
...		

Schwachstellen der Konzepts

Kritikpunkte	Beurteilung	Ideen zur Überwindung
1.	❑ Koloss ❑ Kiesel ❑ Krümel ❑ Widerspruch klären	
2.	❑ Koloss ❑ Kiesel ❑ Krümel ❑ Widerspruch klären	
3.	❑ Koloss ❑ Kiesel ❑ Krümel ❑ Widerspruch klären	
...		

Schwachstellen der Umsetzung		
Kritikpunkte	Beurteilung	Ideen zur Überwindung
1.	❑ Koloss ❑ Kiesel ❑ Krümel ❑ Widerspruch klären	
2.	❑ Koloss ❑ Kiesel ❑ Krümel ❑ Widerspruch klären	
3.	❑ Koloss ❑ Kiesel ❑ Krümel ❑ Widerspruch klären	
…		

Wann ist der Zeitpunkt, mit den Feedback-Runden aufzuhören? Dass Sie Fortschritte bei der Konzeptentwicklung machen, erkennen Sie daran, dass die Kritikpunkte immer kleinteiliger werden. Während es zu Beginn noch um grundsätzliche Frage geht, erleben Sie in der Schlussphase der Feedback-Schleifen, dass es nur noch um marginale Kleinigkeiten geht. Spätestens wenn Ihre Kritiker beginnen, Rechtschreibfehler oder die Kommasetzung im Konzept zu korrigieren, wissen Sie, dass Sie ein sehr gutes Konzept haben, das reif für die Umsetzung ist.

Tag 30: Finale Idee präsentieren

Das tun Sie heute

Sie machen eine Flasche Sekt auf. Aber erst am Ende des Tages. Vorher bereiten Sie eine möglichst fesselnde Präsentation vor. Für Ihren Chef, für potenzielle Mitstreiter bei der Umsetzung oder für die Bank. Sie wollen nicht einfach nur eine Idee präsentieren, Sie wollen Begeisterung auslösen.

Ihr Tool

Die AMAZE-Formel (siehe unten)

Ihr Ergebnis

Auch wenn dies kein Buch über Kommunikationstechniken ist, hilft Ihnen die AMAZE-Formel eine knackige, frische, überzeugende und begeisternde Präsentation zu erstellen. Gehen Sie folgende Checkliste durch:

Allgemein-verständlich	Haben Sie Ihre Idee einfach und allgemeinverständlich erklärt? Haben Sie Fachbegriffe erklärt?
Mitdenkend	Haben Sie sich über die wesentlichen Fragestellungen und Motive Ihrer Zuhörer Gedanken gemacht? Machen Sie sich eine Liste von Fragen, die Ihre Zuhörer haben könnten, und versuchen Sie sie in der Präsentation zu beantworten.
Attraktiv	Haben Sie das Gefühl, dass Ihre Präsentation den »Wow!-Faktor« hat? Wären Sie begeistert und hätten Sie das Gefühl, dass diese Idee wirklich »cool« ist?
Zielführend	Hat Ihre Präsentation eine klare durchgängige Linie? Kommen Sie auf den Punkt oder verzetteln Sie sich in vielen Kleinigkeiten?
Emotional	Haben Sie eine überraschende Geschichte, eine Anekdote oder ein überraschendes sprachliches Bild eingebaut, das Ihre Zuhörer emotional berührt?

Was passiert, wenn Sie das Gefühl haben, dass Ihre Präsentation keinen AMAZE-Faktor hat? Holen Sie sich Hilfe! Eine mittelmäßige Idee, die gut vermarktet wird, schlägt immer eine gute Idee, die nur mittelmäßig vermarktet wird. Bitten Sie Kollegen, Freunde oder Experten, Ihre Präsentation zu überarbeiten. Außenstehende haben gerade in dieser Phase einen großen Vorteil: Sie wissen wenig. Das meinen wir ernst. Die Tatsache, dass sie nur wenige Details kennen und eigentlich so gut wie nichts wissen, macht sie freier. Außerdem kennen Sie als Urheber einer Idee sämtliche Schwächen. Da hat es ein Außenstehender deutlich leichter. Außenstehende haben den Vorteil eines guten Verkäufers. Glauben Sie im Ernst, ein Schuhverkäufer könnte Ihnen einen Schuh als toll anpreisen, wenn er wüsste, dass die Entwicklerfirma Zweifel daran hat, dass das neue Material so lange hält wie das alte, und dass das Produktionsverfahren eigentlich nicht ganz so gut ist wie das der Konkurrenz und so weiter? Für Verkäufer ist es ein Segen, dass sie diese ganzen kleinen Details und die Zweifel der Entwickler einfach nicht kennen ...

Sie hingegen sind nach sechs Wochen Ideenentwicklung an dem Punkt, dass Sie den Wald vor lauter Bäumen nicht mehr sehen. Sie kennen jedes kleine Detail, Sie haben unzählige Varianten erarbeitet und sie immer wieder neu formuliert. Und jetzt sollen Sie aus dem Schlag heraus eine hochemotionale Präsentation erarbeiten, die alle überzeugt. Das geht fast nicht. Also: Das ist normal und keine Schande.

Ihre Wochenbilanz

In dieser Woche haben Sie gelernt, wie wichtig harte Kritik ist. Alle Teilnehmer, mit denen wir dieses Programm durchgeführt haben, haben nach dieser Woche berichtet, dass es die wertvollste des gesamten Prozesses war. Warum? Weil die meisten Menschen Angst davor haben, dass ihre Idee »zerrissen« wird. Wenn Sie aber einmal damit begonnen haben, auch härteste Kritik als positive Erfahrung zu sehen, löst sich bei vielen Menschen eine innere Blockade. Wer den Prozess harter Feedback-Schleifen einmal für sich entdeckt hat, wird darauf nicht mehr verzichten wollen. Im Gegenteil: Die meisten unserer Workshop- und Seminarteilnehmer haben begonnen sich ein Netzwerk von Kritikern aufzubauen.

Es sind Kritiker, die Ideen aus verschiedenen Perspektiven betrachten. So gibt es beispielsweise Menschen, die sehr fundierte technische Kritik üben können, andere hingegen können strategische und taktische Kritik üben. Im Coaching-Prozess erhalten wir häufiger Konzepte von Teilnehmern mit der Bitte um härteste und schonungslose Kritik. In der Phase der Feedback-Schleifen entlarven Sie häufig Menschen, die Ideen vorschnell ablehnen, als reine Wichtigtuer. Sie entdecken aber auch die Qualität von Menschen, die Sie bislang nur als Bedenkenträger gesehen haben. Aus einem kreativen Visionär und einem fundierten guten Bedenkenträger kann ein sehr gutes Team werden. Notieren Sie noch einmal Ihre Wochenbilanz.

Die wichtigsten drei Erkenntnisse für mich in dieser Woche waren
1.

2.

3.

Woran habe ich am meisten Spaß gehabt?

Welche Fragen will ich Anfang nächster Woche unbedingt beantworten?

Warum möchte ich weitermachen? Was motiviert mich?

Bei Kreativen gibt es einen wichtigen Grundsatz: Arbeite hart und feiere noch härter. Jetzt ist es soweit. Genießen Sie eine Flasche Sekt oder zwei oder drei. Feiern Sie das, was Sie erreicht haben. Natürlich wissen Sie nicht, ob Sie den steinigen Weg der Umsetzung wirklich bewältigen können. Natürlich ist der letzte Beweis, dass Ihr Konzept wirklich funktioniert, noch nicht erbracht. Und natürlich gibt es noch ungefähr 349 Hürden, die Sie überwinden müssen. Aber damit sollten Sie sich nicht belasten. Sie haben es sich wirklich verdient, dass Sie sich und Ihre Ideen feiern.

Sofort meldet sich das schlechte Gewissen: Ja, aber... Wenn das alles nichts wird? Habe ich dann nicht zu früh gefeiert? Nein, weil bei kreativen Menschen auch ein Misserfolg ein Erfolg ist. Der indische Tata-Konzern prämiert Misserfolge sogar: Einmal im Jahr wird eine Innovation ausgezeichnet, die ernsthaft versucht wurde, aber deren Urheber gescheitert sind. Die Kategorie im Wettbewerb heißt »Dare to try«. Übersetzt heißt das: Sie hatten den Mut, es zu versuchen.

Die Umsetzung beginnt

Nach sechs Wochen haben Sie jetzt eine Idee, ein fundiertes Konzept und einen umsetzungsfähigen Plan. Legen Sie so schnell wie möglich los! Lassen Sie keine Zeit vergehen, schieben Sie nichts auf die lange Bank. Unsere Erfahrungen zeigen: Je schneller Sie damit beginnen, Ideen in die Tat umzusetzen, desto größer ist die Wahrscheinlichkeit, dass diese Erfolg haben. Wenn es erst einmal zu Verzögerungen kommt, innerhalb eines Unternehmens möglicherweise Arbeitskreise gebildet werden, die noch einmal alles diskutieren und durchleuchten, geht das verloren, was erfolgreiche Innovation ausmacht: Leidenschaft, Energie und ein hohes Maß an Motivation.

Was machen Sie jetzt mit all den vielen Gedanken, Ideen und Konzeptvarianten, die Sie ausgearbeitet haben? Bewahren Sie sie auf. Es kann Ihnen immer wieder passieren, dass sich die Umstände ändern, Sie in der Phase der Umsetzung das Konzept anpassen müssen oder Sie vor Hindernissen stehen, mit denen niemand gerechnet hat. Es ist gut, wenn Sie jederzeit auf Ihre Gedankensammlung zurückgreifen können. Behalten Sie im Kopf, dass Ideen bis zum Moment der erfolgreichen Umsetzung fluide sind, das heißt dass sich vor allem am Konzept und im Umsetzungsplan jederzeit Details ändern.

Legen Sie aber trotzdem eine gewisse Sturheit an den Tag. Sie haben Ihr Chancenfeld sorgfältig erarbeitet, aus verschiedenen Fragestellungen die beste herausgesucht, durch die Suche nach Inspirationen auf dem vorhandenen Wissen anderer aufgebaut, sich verschiedene Ideen und Konzeptvarianten erarbeitet und diese durch verschiedene Feedback-Schleifen immer weiter optimiert. Hören Sie jetzt nicht mehr auf die Menschen, die Ihnen sagen, dass sowieso alles Blödsinn ist und die Idee niemals funktionieren wird. Überlegen Sie, was das Allerschlimmste ist, was Ihnen passieren kann. Und setzen Sie dann die Idee kompromisslos um.

Wir nennen dies die Mentalität des kreativen Bulldozers: Wenn man entschlossen ist, eine Vision umzusetzen, lässt man sich nicht mehr aufhalten. Im besten Fall werden Hindernisse überwunden, im schlimmsten Fall einfach igoriert und damit sozusagen niedergewalzt. Ab und zu halten Sie an, klettern auf den Bulldozer und sehen sich um, ob Sie noch richtigliegen. Dann aber machen Sie kompromisslos weiter.

Diese Mentalität hat auch Nachteile. Einer der schlimmsten Fehler, den Thomas Edison beging, beruhte auf Sturheit. Einer seiner Mitarbeiter war ein genialer Erfinder: Nikola Tesla. Tesla erkannte sehr schnell, dass das System des Gleichstroms, auf dem Edisons elektrisches Licht beruhte, nicht zukunftsfähig war. Er arbeitete an seinem Gegenkonzept des Wechselstroms. Was tat Edison? Er feuerte Tesla. Tesla fing später bei Edisons größtem Konkurrenten George Westinghouse an und entwickelte dort unter anderem das Kraftwerk an den Niagara-Fällen mit. Hätte Edison auf ihn gehört, wäre sein System des elektrischen Lichts heute kein Museumsstück. Die gleiche Mentalität, die Edison zum Erfolg verhalf – hier war sie ein Nachteil. Sie können Sturheit und Offenheit leider nicht wie eine Glühbirne aus- und anschalten. Haben Sie im Hinterkopf, dass dieser Vorteil auch ein Nachteil sein kann ...

Wir wünschen Ihnen von Herzen viel Glück und erfolgreich umgesetzte Ideen!

Teil 3:
Die EDISON-Toolbox als Führungstechnik

Mitarbeiter zu neuen Ideen führen

Als Führungskraft können Sie der Ideenfindung im Team den Zufall nehmen. Sie können Mitarbeiter eines Unternehmens, einer Abteilung oder eines Teams dazu bringen, möglichst viele geniale neue Ideen zu generieren – die Grundlage für erfolgreiche Innovationen. Es können Ideen sein, um Arbeitsabläufe zu optimieren, für neue Vertriebswege oder innovative Marketingaktionen, für neue Dienstleistungen oder Produkte oder sogar neue Geschäftsmodelle. Hier helfen Ihnen die Methoden der EDISON-Toolbox. Sie können sie als Führungsinstrument einsetzen.

Man *kann* Mitarbeiter nicht nur systematisch zu neuen Ideen führen, man *sollte* es tun. Vielleicht haben Sie bislang gehofft, dass Kreativität irgendwie von alleine entsteht, oder Sie versuchen es mit klassischen Führungsmethoden aus dem Projektmanagement. Dann werden Sie sich am Ende wundern, dass die entstandenen Ideen bestenfalls lauwarm sind – heiße Kandidaten sind nicht dabei.

Alle Techniken, die Sie in diesem Buch kennengelernt haben, können Sie gleichermaßen einsetzen, um selbst Ideen zu entwickeln oder um Mitarbeiter beziehungsweise Workshopteilnehmer anzuleiten. Fünf typische Einsatzfelder sind hier beschrieben. Auf den nachfolgenden Seiten stellen wir Ihnen typische Herausforderungen im Führungsalltag vor und zeigen Ihnen, wie Sie sie mithilfe von Methoden aus der Toolbox lösen können.

Das Einzelgespräch

Sie möchten einen Mitarbeiter oder einen Teilnehmer dabei unterstützen, eine Idee zu finden beziehungsweise weiterzuentwickeln. Gehen Sie mit Ihrem Gegenüber die sechs Schritte der Ideenentwicklung durch. Schätzen Sie gemeinsam ein, in welchem Stadium der Ideenentwicklung sich die Idee beziehungsweise das Konzept befindet. Gehen Sie gemeinsam die Techniken durch, die beim nächsten Schritt helfen können. Wählen Sie gemeinsam eine oder zwei Techniken aus. Überlegen Sie gemeinsam, wie sich die Technik anwenden lässt.

Anleitung eines Teams

Wie im Einzelgespräch überlegen Sie zunächst gemeinsam, an welchem Schritt der Ideenentwicklung sich die Idee beziehungsweise das Konzept befindet. Gehen Sie wieder gemeinsam die Techniken durch und suchen Sie eine aus. Besprechen Sie jetzt, wer im Team welche Aufgaben übernimmt. Gerade wenn Teams beispielsweise aus einem Visionär und einem starken Umsetzer zusammengesetzt sind, macht es Sinn, Aufgaben zu verteilen, die den Stärken der jeweiligen Teammitglieder entsprechen.

Innerhalb eines regulären Meetings

Sie befinden sich mit einem Team oder einer Arbeitsgruppe in einem klassischen Planungsmeeting. Eigentlich geht es nur darum, Aufgaben zu besprechen und zu koordinieren. Plötzlich erkennen Sie, dass Sie für eine bestimmte Aufgabe kreativ werden müssen. Gehen Sie im Kopf die sechs Schritte der Ideenentwicklung durch. Wählen Sie eine Technik aus und formulieren Sie sie in Form von Fragen. Sagen Sie beispielsweise nicht: »Wir wenden jetzt die DIAS-Methode an«, sondern denken Sie das Analogie-Szenario vor und fragen Sie die Teilnehmer: »Nehmen wir einmal an, wir würden ..., welche Ideen würden wir denn in einer solchen Situation benutzen?« Sagen Sie nicht: »Wir wenden jetzt einmal das Kaleidoskop an«, sondern bringen Sie eine Inspiration ins Meeting ein und fragen Sie: »Wie könnten wir das hier auf unser Problem übertragen?«

Zur Leitung eines Ideenfindungsworkshops

Überlegen Sie zunächst einmal, in welcher Ausgangssituation Sie sich befinden und was Sie am Ende erreichen wollen. Alle sechs Schritte innerhalb eines eintägigen Workshops durchzugehen, ist fast ein Ding der Unmöglichkeit. An zwei bis drei Tagen ist es machbar, vorausgesetzt die Aufgabenstellung ist nicht zu komplex. Haben Sie beispielsweise schon Chancenfelder definiert und suchen nur Ideen, die es dann zu bewerten gilt? Beginnen Sie dann mit Techniken aus dem zweiten Schritt und beenden Sie den Workshop mit dem GOLD-Test. Oder stehen Sie ganz am Anfang und wollen eigentlich nur Suchfelder bestimmen? Nutzen Sie Techniken aus dem ersten und zweiten Schritt. Oder haben Sie bereits erste Ideen, die Sie jetzt zum Leben erwecken wollen? Nehmen Sie Techniken aus dem fünften und sechsten Schritt. Wichtig! Überfrachten Sie den Workshop nicht! Zehn Themenfelder mit zwanzig Techniken in zwei Tagen – mit einer solchen Aufgabenstellung überfordern Sie praktisch jeden.

Zur Steuerung eines Ideenfindungsprozesses

Nutzen Sie das Sechs-Wochen-Programm und erarbeiten Sie daraus einen Plan für Ihr Team beziehungsweise die Teilnehmer, mit denen Sie arbeiten wollen. Stellen Sie zu Beginn jeder Woche die Ziele für die nächsten Tage vor und erklären Sie den Teilnehmern, mit welchen Techniken Sie arbeiten wollen. Überlegen Sie für sich, wie Sie den Prozess durch Einzelgespräche, durch Ideenentwicklungsteams, durch reguläre Meetings oder Ideenfindungsworkshops unterstützen wollen. Die Techniken unterstützen Sie dabei, an jedem Schritt des Ideenentwicklungsprozesses die richtigen Kreativitätstools einzusetzen.

Zur Implementierung der systematischen Ideenentwicklung im Unternehmen

Unternehmen wie der Pharmakonzern AstraZeneca haben die EDISON-Toolbox mittlerweile fest in ihrem Unternehmen verankert: als eigene, auf die Ziele des Unternehmens zugeschnittene Toolbox zur Ideenentwicklung. In der ersten Phase eines solchen Implementierungsprozesses gilt es, die kreativen Anforderungen genau herauszuarbeiten. Anschließend werden Methoden ausgesucht und Beispiele aus dem Bereich des Unternehmens definiert, mit denen Mitarbeitern die Anwendung anhand von Fällen aus dem Wirkungsbereich des Unternehmens nähergebracht wird. Im nächsten Schritt werden interne Ideentrainer ausgebildet: Mitarbeiter, die eine spezielle Train-the-Trainer-Ausbildung durchlaufen, anschließend Kollegen und Führungskräften die Methoden weitervermitteln und dafür sorgen, dass die Methodik im Unternehmen angewendet wird.

Gleichzeitig macht es Sinn, die Unternehmenskultur zu analysieren. Was hilft es Ihnen, wenn Sie die Toolbox verankern und Ideentrainer ausbilden, am Ende aber eine Kultur haben, die für neue Ideen nicht offen ist. Die Methodik dazu haben wir in der Studie »Erfolgsfaktor Innovationskultur« veröffentlicht: Ein Ansatz, der neben unserer Erfahrung auch auf der Auswertung von knapp zweihundert internationalen Studien zum Thema organisatorische Kreativität beruht.

Schlafende Hunde wecken – die mentale Kamera als Führungsinstrument

»Von meinen Mitarbeitern kommen einfach keine Ideen.«

Ihre Situation

Sie fragen Ihre Mitarbeiter immer wieder in Meetings oder Konferenzen: »Hat jemand Ideen, wie wir die Kundenzufriedenheit steigern können?«, »Hat jemand Ideen, wie wir die Bürokratie im Mahnwesen minimieren können?«, »Hat jemand Ideen für neue Dienstleistungen, die wir unseren Kunden anbieten können?« Jedes Mal schauen Sie in betretene Gesichter, aber es kommen keine Ideen.

Sie haben das Gefühl, dass selbst Mitarbeiter, die im Gespräch offen und neugierig sind, in einem solchen Meeting zu desinteressierten Un-kreativen mutieren, die ihre letzte Idee vor zwanzig Jahren hatten. Und Sie fragen sich: Woran liegt das bloß?

Das Problem

Unser Gehirn kennt zwei verschiedene Modi: Das eine ist der Modus »Operative Hektik«. Dieser Modus erlaubt es uns, schnell viele neue Informationen zu verarbeiten und schnelle Entscheidungen zu treffen. In diesem Modus befinden sich Ihre Mitarbeiter.

Egal wie viele Appelle Sie starten, sobald sie das Meeting verlassen, holt sie die operative Hektik ein. Siebenunddreißig E-Mails, drei andere Meetings am gleichen Tag und fünf Kundenbeschwerden, die auf die Stimmung drücken. Im operativen Geschäft kommen Mitarbeiter kaum dazu, sich fundiert über neue Fragenstellungen Gedanken zu machen.

Der andere Modus ist der Modus »Kreatives Nachdenken«. Dieser Modus ist deutlich langsamer und deshalb im normalen Tagesgeschäft sogar hinderlich. Dieser Modus erlaubt es Ihnen und Ihren Mitarbeitern, sich intensiv mit einem Problem zu beschäftigen und ohne die übliche operative Hektik neue Ideen zu entwickeln.

Ihre Tools

Die mentale Kamera (Seite 26)
Ideenschwamm (Seite 66)

So gehen Sie vor

Stellen Sie Mitarbeiter für ein, zwei oder sogar drei Tage von der Arbeit frei. Das ist unangenehm, aber machbar. Wenn sie krank werden, müssen Sie schließlich auch ohne sie auskommen.

Die **mentale Kamera** nutzen Sie, wenn Sie das Gefühl haben, dass Sie nach einer Lösung suchen, ohne das Problem richtig zu kennen. Schicken Sie Mitarbeiter alleine beziehungsweise im Zweier- oder Dreier-Team los, um Probleme zu erforschen beziehungsweise genauer zu untersuchen. Hinweise zum Vorgehen und zum Ergebnis finden Sie in der Methodenbeschreibung sowie am Tag zwei des Sechs-Wochen-Programms.

Wenn Sie das Gefühl haben, das Problem sei bereits genug beschrieben, doch es fehlen Anregungen, schicken Sie Ihre Mitarbeiter bewusst auf die Suche nach Lösungen in anderen Bereichen. Die besten Ideen kommen häufig, wenn Mitarbeiter aus dem eigenen Arbeitsgebiet herausgenommen werden und spannende Lösungen kennenlernen, die sie übertragen können.

Eingefahrene Denkwege verlassen

»Wir versuchen immer wieder das gleiche und kommen nicht voran.«

Ihre Situation

Sie bewegen sich keinen Schritt voran. Sie wollen beispielsweise neue Dienstleistungen entwickeln und haben bereits die dritte Marktforschung in Auftrag gegeben – immer mit dem gleichen Ergebnis. Sie wollen die Qualität Ihrer Teamarbeit verbessern und fragen sich: Wie können wir als Team besser werden? Doch anstatt neuer Ideen wird immer wieder ein Ansatz diskutiert, den Sie einmal vor zwei Jahren entwickelt haben und der nicht richtig funktioniert hat. Statt Visionen kommen Beschuldigungen.

Das Problem

Wenn Sie jeden Tag vor der gleichen Fragestellung sitzen, ist das ungefähr so inspirierend, als wenn Sie jeden Tag auf eine weiße Wand starren. Sorgen Sie für Abwechslung in der Diskussion! Überraschen Sie Ihre Mitarbeiter mit veränderten Fragestellungen oder einem Analogie-Szenario.

Ihre Tools

Der einarmiger Bandit (Seite 53)
Der Kopfstand (Seite 22)
DIAS – Denken in Analogie-Szenarien (Seite 76)

So gehen Sie vor

Den **einarmigen Banditen** im Meeting verwenden. Fragen Sie nicht: »Wie können wir als Team besser werden?«, sondern variieren Sie die Frage: Wie können Sie als Team schneller, effektiver, präziser, ressourcensparender, fehlerärmer, prozessorientierter oder auch freundlicher werden. Fragen Sie Kollegen im Meeting, was »besser« eigentlich heißt. Und variieren Sie gemeinsam die Fragestellung. Nehmen Sie nicht nur die Begriffe, die Sie im Lexikon der Synonyme finden! Sondern lassen Sie Ihre Phantasie spielen. Fragen Sie zum Beispiel: Wie können wir als Team bunter werden? Und definieren Sie dann »bunter« zum Beispiel als »vielfältiger in den Ansätzen, die wir ausprobieren«.

Kopfstand-Technik: Fragen Sie die Kollegen nicht, wie das Team besser werden könnte. Sondern wie das Team schlechter werden könnte. Erarbeiten Sie gemeinsam Maßnahmen, um Ihre Arbeit dramatisch zu verschlechtern. Drehen Sie die Antworten anschließend gemeinsam wieder ins Positive. Sie können die Aufgabenstellung im Meeting auch variieren: Vier Gruppen erarbeiten jeweils Maßnahmen, um die Arbeit zu verschlechtern. Anschließend geben Sie die Arbeitsergebnisse jeweils einer anderen Gruppe. Diese Gruppe hat dann die Aufgabe, daraus wieder etwas Positives zu formulieren.

DIAS: Fragen Sie nicht, wie Ihr Team die Arbeit verbessern könnte, sondern wie ein anderes Team dies tun könnte. Das kann das Team aus der Abteilung nebenan sein, aber auch ein Formel-Eins-Team, ein Bergsteigerteam oder das Vertriebsteam eines Küchenstudios. Übertragen Sie die Antworten anschließend wieder auf Ihr Team.

Das »Hatten-wir-schon«-Syndrom

»Hat früher nicht funktioniert. Wird jetzt auch nicht funktionieren.«

Ihre Situation

Sie und Ihr Team haben bereits viele Ideen gehabt und auch ausprobiert. Je mehr Sie ausprobiert haben, desto häufiger hören Sie den Satz: »Klappt nicht.« Die Mitarbeiter, die schon länger im Team sind, sagen Ihnen Sätze wie: »Hatten wir schon 1998. Ging damals schon nicht.«

Das Problem

Viele Ideen zu haben ist gut. Viele Ideen oberflächlich auszuprobieren und schnell wieder aufzugeben ist schlecht. Ideen gelten dann innerhalb von Teams schnell als »verbrannt«. Dabei haben Sie häufig nur eine einzige Variante einer Idee kurz einmal ausprobiert.

Ihr Tool

Verwandlungsbox (Seite 96)

So gehen Sie vor

Erläutern Sie Ihren Mitarbeitern den Unterschied zwischen Ideen und Konzepten. Entwickeln Sie Ideen, die Sie schon einmal ausprobiert haben, gemeinsam zu verschiedenen Konzeptvarianten weiter. Machen Sie sich gemeinsam einen Plan, wie Sie zusammen die verschiedenen Konzeptvarianten noch einmal ausprobieren wollen. Hinweise zum Vorgehen finden Sie in der Methodenbeschreibung und an den Tagen 21 bis 24 des Sechs-Wochen-Programms.

Ideen verschwinden im Bermudadreieck

»Wir haben viele Ideen, bekommen sie aber nicht umgesetzt.«

Ihre Situation

Sie haben regelmäßig Ideen entwickelt, doch in der Umsetzung sind die meisten davon gescheitert. Es tauchten Hindernisse auf, die Umsetzung verschob sich, die Idee wanderte von Abteilung A über Abteilung B zu Abteilung C. Irgendwie ist die Idee nie wieder aufgetaucht. Verschollen im Bermudadreieck Ihrer Unternehmensstrukturen.

Das Problem

Ideen lassen sich nicht so einfach umsetzen wie ein normales Projekt. Sie stoßen auf Hindernisse, wo sie niemand erwartet, Sie müssen mit Widersachern rechnen, die sich von der Idee bedroht fühlen, oder Sie stoßen auf mangelnde Akzeptanz. Deshalb verschwinden viele einfach.

Ihr Tool

Die Felsbrocken-Technik (Seite 107)

So gehen Sie vor

Bereiten Sie Ihre Mitarbeiter von vornherein darauf vor, dass die Umsetzung der Idee schwer wird und ihnen alles abverlangt. Setzen Sie die Idee regelmäßig auf den sprichwörtlichen »heißen Stuhl«. Nehmen Sie die Idee beziehungsweise den aktuellen Stand der Umsetzung schonungslos auseinander. Seien Sie selbst der härteste Kritiker! Entwickeln Sie anschließend immer wieder neue Strategien, mit denen die Hindernisse überwunden werden können.

»Geht nicht, weil ...«

»Alle sagen Ihnen, warum es sowieso nicht geht.«

Ihre Situation

Sie erörtern eine neue Idee, von der Sie begeistert sind. Um sich herum hören Sie nur typische Killerphrasen: »Geht nicht.« »Das will niemand.« »Das klappt nie.« Sie sind frustriert. Lassen Sie den Kopf nicht hängen! Versuchen Sie zu verstehen, warum Ihre Ideen abgelehnt werden, und setzen Sie den Tiefenbohrer an.

Das Problem

Es ist ein weit verbreiteter Mythos, dass man das Potenzial von Ideen sofort erkennen kann. Im Gegenteil: Zur Beurteilung einer Idee gehört fast genauso viel Kreativität wie zu ihrer Generierung.

Ihr Tool

Der Tiefenbohrer (Seite 47)

So gehen Sie vor

- Sie nehmen die Killerargumente mit seriöser Miene auf. Anschließend fragen Sie: Warum?
- Lassen Sie sich ausführlich erklären, warum etwas nicht geht.
- Jetzt bohren Sie tiefer. Sie fragen noch einmal: »Warum?«
- Sie hören sich die Antworten wieder an und fragen erneut: »Warum?«

Das Spiel können Sie theoretisch unendlich weit treiben. Bis dahin haben Sie entweder gute Hinweise, woran noch gearbeitet werden müsste. Oder Sie haben den Widerspruch als nicht zutreffend entlarvt. Ihre Mitarbeiter lernen, dass Sie sich nicht mit Killerphrasen zufriedengeben.

Ideen ablehnen

»Die Königsdisziplin der Führung«

Ihre Situation

Ein Mitarbeiter beziehungsweise eine Mitarbeiterin kommt mit einer Idee. Begeistert, völlig aus dem Häuschen. Sie leider nicht. Krampfhaft überlegen Sie, wie Sie Ihrem Mitarbeiter beibringen, dass Sie die Idee nicht für wirklich gut erachten. Schließlich wollen Sie weitere Ideen haben und Ihre Mitarbeiter nicht so frustrieren, dass sie zu Kreativitätsbeamten werden. Wer eine Idee mit so motivierenden Sätzen wie »Sind Sie unterbeschäftigt oder was?« ablehnt, verwandelt das kreativste Team binnen kürzester Zeit in eine Abteilung von Büroklammerverwaltern.

Das Problem

Schlechte Ideen entstehen meist dann, wenn Mitarbeitern mitgeteilt wird: »Jede Idee ist willkommen.« Dann entsteht Masse statt Klasse. Sie haben viele Ideen, aber zugleich ein viel größeres Problem: Wie erklären Sie eine Ablehnungsquote von 90 Prozent?

Mitarbeiter erwarten nicht, dass jede Idee auf Zuspruch stößt. Es ist die Art, mit der die Ablehnung begründet wird, die das Problem verursacht.

Ihr Tool

Kriterienanalyse (Seite 102)

So gehen Sie vor

- Kommunizieren Sie von Anfang an, welches Ziel Sie verfolgen. Haben Sie keine Angst davor, damit bestimmte Ideen auszuschließen.

- Machen Sie sich die Kriterien klar, unter denen Ideen als gut oder schlecht erachtet werden.
- Kommunizieren Sie diese Kriterien Ihren Mitarbeitern.
- Begründen Sie Ablehnungen mithilfe der den Mitarbeitern bekannten Kriterien-Liste.

Haben Sie keine Angst vor Ablehnung! Lassen Sie sich auf die Idee ein, auch wenn Sie sie ablehnen. Helfen Sie Mitarbeitern, es beim nächsten Mal besser zu machen. Gehen Sie dazu folgende Checkliste durch:

1. Habe ich die Idee wirklich verstanden? Habe ich das gleiche Bild von der Idee im Kopf wie der Autor?
2. Habe ich mich mit der Idee wirklich intensiv befasst? Habe ich meinem Mitarbeiter durch Fragen Interesse gezeigt?
3. Habe ich alle Möglichkeiten der Umsetzung berücksichtigt? Habe ich außenstehende Perspektiven – zum Beispiel die Meinung besonders innovativer Experten – dabei berücksichtigt?
4. Treffe ich meine Entscheidung unabhängig von persönlichen Zu- oder Abneigungen gegen den Mitarbeiter?
5. Habe ich die Ablehnung so formuliert, dass sie dem Mitarbeiter Orientierung für die Entwicklung künftiger Ideen gibt?
6. Wie verhalte ich mich, wenn der Mitarbeiter die Ablehnung nicht einsieht, sondern aus seiner Sicht gute Gründe hervorbringt, warum es funktionieren könnte? Welchen Spielraum bin ich bereit zu geben?

Fordern Sie nur die Ideen ein, die Sie wirklich zu durchdenken bereit sind! Setzen Sie – ähnlich wie wir bei der systematischen Ideenentwicklung – auf das Prinzip Klasse statt Masse. Lieber fünf Ideen intensiv durchdenken als fünfzig oberflächlich.

Letzte (aufmunternde) Worte

Was sagt man am Ende eines Ratgebers? Viel Glück bei der Umsetzung? Nein, das bestimmt nicht. Glück wird in der Ideenentwicklung überbewertet. Wir hoffen, dass wir Ihnen das vermitteln konnten. Viel Freude bei der Umsetzung? Ja, das wünschen wir Ihnen natürlich. Aber ... Ideenentwicklung ist leider nicht jeden Tag so lustig oder aufregend wie ein Hollywoodfilm. Manchmal treiben einen die Hindernisse schlichtweg zur Verzweiflung. Und im Sechs-Wochen-Programm werden Sie mindestens fünf Mal wütend brüllen, warum Sie sich dieses Buch jemals gekauft haben ...

Also, was wünschen wir Ihnen? Wir stoßen in unseren Workshops, Seminaren und Ideenentwicklungsprozessen häufig auf Teilnehmer mit einer falschen Erwartungshaltung: Ganz schnell mal was Neues erfinden, geht ja auf Knopfdruck, kann doch jeder, zack zack zum Erfolg ... Mal schnell ein iPad erfinden, geht doch so schnell wie Maggi-Tütensuppe kochen. Was? Die Sixtinische Kapelle bemalen? Kurz die Idee dazu entwickeln, dann malt sie sich fast von alleine. Glühbirne erfinden? Pah, die Idee war doch schon alt, das war doch ein Kinderspiel ...

Wir hoffen, dass wir durch die vielen Beispiele in diesem Buch an dieser falschen Erwartungshaltung etwas ändern konnten. Geniale Ideen zu entwickeln ist sehr schwer. Sie dann umzusetzen, noch einmal ungleich schwerer. Und selbst wenn Sie mit Leidenschaft, Mut, Können und Ausdauer an die Umsetzung Ihrer Ideen gehen, besteht die Gefahr, dass Sie scheitern. Wir gehen noch einen Schritt weiter: Sie werden scheitern. Selbst wenn Sie alles anwenden, was Sie in diesem Buch erfahren haben, werden zwei von drei Ideen nicht den Erfolg haben, den Sie sich versprechen. Das ist immer noch ein großer Erfolg: Bei unsystematisch entwickelten Ideen beträgt das Verhältnis ungefähr eins zu hundert. Trotzdem macht diese Aussicht nicht unbedingt glücklich ...

Wir wollen Sie natürlich nicht demotivieren, weil wir jetzt sagen, wie schwer alles wird ... Also, hier kommt der ehrlich gemeinte Versuch der letzten aufmunternden Worte: Wir wünschen Ihnen viele hart erarbeitete Erfolge, auf die Sie stolz sein können. Wir wünschen Ihnen, dass Sie immer einmal mehr weitermachen als frustriert aufgeben. Und wir wünschen Ihnen, dass Sie es durch die Systematik der Ideenentwicklung schaffen, das umzusetzen, was andere für unmöglich halten.

Vor allem aber wünschen wir Ihnen das, was Thomas Edison am Ende seines Lebens sagte: »Ich habe nicht eine Sekunde meines Lebens gearbeitet. Es war alles Spaß.« Wir würden uns freuen, wenn Sie in Ihren Ideen und Konzepten nicht nur irgendetwas sehen, was Sie neben den vielen Aufgaben des Tages auch noch erledigen müssen, sondern wenn Sie darin Erfüllung finden. Wir wünschen Ihnen, dass Sie in einem oder zwei Jahren sagen: »Ich arbeite nicht mehr, ich habe Spaß.«

Die Autoren

Jens-Uwe Meyer, MBA, ist einer der anerkanntesten Experten für Kreativität und Innovation. Er berät das Top-Management zahlreicher namhafter Konzerne und ist Autor von sechs Büchern zum Thema. Als Gründer und Geschäftsführer der Ideeologen entwickelt er neue Produkte, Dienstleistungen und Geschäftsmodelle für Unternehmen.

Kontakt:

E-Mail: meyer@ideeologen.de
Internet: www.ideeologen.de

Henryk Mioskowski leitet Kreativitäts- und Innovationsworkshops in verschiedensten Branchen, unter anderem Automobil, Energiewirtschaft, Gesundheit und Medien. Er ist Leiter der Ideeologen Academy und hat einen Lehrauftrag für unternehmerische Kreativität an der dualen Hochschule Baden-Württemberg.

Kontakt:

E-Mail: mioskowski@ideeologen.de
Internet: www.ideeologen.de

Anhang

Anmerkungen

[1 – 11] Originalzitate Thomas Alva Edison (1847 bis 1931), US-amerikanischer Erfinder und Unternehmer mit dem Schwerpunkt Elektrotechnik. Er hat zum Beispiel die Glühlampe erfunden.

Literatur

Israel, Paul: Edison – A Life of Inventions. Wiley & Sons.

Meyer, Jens-Uwe: Das Edison-Prinzip. Campus-Verlag.

Meyer, Jens-Uwe: Kreativ trotz Krawatte. Business Village.

Meyer, Jens-Uwe: Erfolgsfaktor Innovationskultur – das Innovationsmanagement der Zukunft. Business Village.

Vögtle, Fritz: Edison. rororo.

Digitale Disruption

Jens-Uwe Meyer
Digitale Disruption
Die nächste Stufe der Innovation

256 Seiten; 2016; 24,95 Euro
ISBN 978-3-86980-345-6; Art-Nr.: 1001

Sie denken, die Digitalisierung der Wirtschaft ist vorbei? Nein, sie hat gerade erst begonnen. Und sie wird alles, was Sie kennen, radikal auf den Kopf stellen. Sie wird Ihren Beruf, Ihr Leben radikal verändern. So, wie Sie es kaum für möglich halten.

Fitness-Apps, 3D-Drucker und der Onlinechat mit dem Arzt – das war nur der erste Schritt: digitale Transformation. Das, was uns in der nächsten Stufe erwartet, ist digitale Disruption. Sie wird ganze Branchen von Grund auf erneuern. Sie wird menschliche Kompetenzen durch Algorithmen ersetzen, sie wird das eigentliche Produkt zur Nebensache machen. Eine Entwicklung, die nicht mehr aufzuhalten ist.

Das alles kommt Ihnen wie Zukunftsmusik vor? Dann sollten Sie dieses Buch gelesen haben. Jens-Uwe Meyer illustriert, wie die nächste Stufe der Innovation gerade Realität wird.

Muss Ihnen das Angst machen? Nein. Denn die digitale Zukunft wird nicht nur im Silicon Valley gemacht. Sie und Ihr Unternehmen sind ein Teil davon. Wenn Sie die Mechanismen der digitalen Disruption verstehen und sich auf die Logik der digitalen Zukunft einlassen, werden Sie diese Zukunft mitgestalten.

Dr. Jens-Uwe Meyer ist Internet-Unternehmer, Top-Managementberater und Keynote Speaker. Mit zehn Büchern gilt er als Deutschlands führender Innovationsexperte.

Radikale Innovation

Jens-Uwe Meyer
Radikale Innovation
Das Handbuch für Marktrevolutionäre

256 Seiten; 2012; 24,80 Euro
ISBN 978-3-86980-134-6; Art-Nr.: 867

Fortschritt war gestern – Unternehmen, die im Wettbewerb bestehen wollen, müssen die Revolution ausrufen: Radikale Innovation. Sie brauchen Produkte, für die es noch keine Märkte gibt. Dienstleistungen, die niemand für möglich hält. Und Geschäftsmodelle, die die Regeln ganzer Branchen auf den Kopf stellen. Innovationen, die mutige Pioniere erfordern – und nicht Verwalter aufwendiger Prozesse.

Doch hier herrscht Mangel. Draußen verändert sich die Welt, drinnen verändert sich die Powerpoint-Präsentation. Draußen wird die digitale Revolution ausgerufen, drinnen der Abstimmungsprozess neu aufgesetzt. Draußen sind Rebellen dabei, neue Märkte zu erobern, drinnen überlegen Manager, wie sie sich absichern, bevor sie handeln. Quer durch alle Branchen ist die Mehrheit der Unternehmen und Institutionen heute nicht in der Lage, radikale neue Ideen zu entwickeln.

Radikale Innovation erfordert radikale neue Konzepte. Konzepte, mit denen Unternehmen beweglicher und mutiger werden. Konzepte für Macher, die sich nicht damit abfinden, dass große Ideen irgendwo im Bermuda-Dreieck der festgefahrenen Unternehmensstrukturen verschwinden. Und ein neues Denken – statt Konzepte wiederzukäuen, die in den Neunzigerjahren aktuell waren.

Das neue Buch von Jens-Uwe Meyer, einem der anerkanntesten Innovationsexperten in Deutschland, stellt bahnbrechende Denkansätze vor. Ein Handbuch aus der Praxis, das anhand internationaler Fallstudien und der Erkenntnisse aus Hunderten von Innovationsprojekten zeigt, wie Unternehmen durch radikal neue Wege zu Innovationsgewinnern werden.

Kreativ trotz Krawatte

Jens-Uwe Meyer
Kreativ trotz Krawatte
Vom Manager zum Katalysator – Wie Sie
eine Innovationskultur aufbauen

240 Seiten; 2010; 24,80 Euro
ISBN 978-3-86980-073-8; Art-Nr.: 836

Unternehmen, die ihre Mitarbeiter zu neuen Ideen motivieren, können Berge versetzen, andere gehen die ausgetretenen Pfade immer und immer wieder. Unternehmen, die eine kreative Kultur aufbauen, können schnell und flexibel reagieren, andere bleiben in festgefahrenen Prozessen stecken. Vier von fünf Mitarbeitern könnten Ideen haben, die das Unternehmen voranbringen: Für bessere Abläufe, einzigartigen Kundenservice, originelles Marketing, neue Produkte, Dienstleistungen und Geschäftsmodelle.

Warum haben sie solche Mitarbeiter nicht? Weil sich neue Ideen nur durch neue Führungsmethoden hervorbringen lassen. Kreativität lässt sich nicht per Knopfdruck erzwingen, Ideen unterliegen ganz eigenen Spielregeln. Wer sie kennt, profitiert von den Geistesblitzen seiner Mitarbeiter. Wer sie missachtet, verpasst die Gelegenheit, neue Einsichten, neue Ansätze und neue Herangehensweisen zu erhalten.

Jens-Uwe Meyer illustriert in seinem neuen Buch, wie Sie mit ungewöhnlichen Denkwegen eine Innovationskultur aufbauen und Ungewöhnliches erreichen. Sie lernen die wichtigsten Ergebnisse der internationalen Kreativitätsforschung kennen und erfahren, wie Sie diese für Ihr Unternehmen nutzen können. Und Sie erfahren, warum es Zeit wird, mit den Klischees und den Mythen rund um das Thema Kreativität radikal zu brechen.

»Top-Managementberater für disruptive Innovation und Innovationskultur«
(Harvard Business Manager)

»Einer der führenden Experten für Innovation in Deutschland« (FAZ)

Das Super-Buch

Das Super-Buch
Vom Manager zum Katalysator – Wie Sie
eine Innovationskultur aufbauen

112 Seiten; 2014; 8,90 Euro
ISBN 978-3-86980-267-1; Art.-Nr.: 946

Das neue Flex-Cover mit seiner außergewöhnlichen Oberfläche in Lederoptik und seiner Wave-Struktur macht das neue SUPER-BUCH sichtbar und fühlbar hochwertig. Mit einem perfekten Design und dem durchdachten System gibt es Ihren Ideen, Projekten und Gedanken Raum und beendet das Zettelchaos auf Ihrem Schreibtisch. Notizen, Aufgaben, Ideen ... zentral an einem Ort – stilvoll und elegant.

Das SUPER-BUCH ist Ihr »Speicher« für Ideen, Projekte, Telefonnummern, Reminder, nützliche Gedanken, Notizen ... all das, was sonst auf vielen kleinen Zetteln auf dem Schreibtisch verloren geht.

Viele Experten empfehlen Super-Bücher, um endlich mehr Ordnung und System auf den Schreibtisch und in den Kopf zu bekommen. Doch diese Empfehlungen haben einen entscheidenden Nachteil: Sie sind nur »Bauanleitungen«, wie man sich aus einem x-beliebigen Notizbuch sein Super-Buch bauen kann. Doch der »Eigenbau« kostet Zeit, erfordert einiges an Geschick und das Ergebnis ist oft alles andere als optimal.

Deshalb haben wir die besten Ideen aus diesen Anleitungen und unsere praktischen Erfahrungen in das SUPER-BUCH einfließen lassen. Ohne großen Aufwand kommen Sie jetzt zu Ihrem fertigen SUPER-BUCH und können dieses ganz nach Ihren persönlichen Bedürfnissen modifizieren und weiterentwickeln.

ad hoc visualisieren

Malte von Tiesenhausen
ad hoc visualisieren
Denken sichtbar machen
2. Auflage 2016

192 Seiten; Broschur; 24,80 Euro
ISBN 978-3-86980-298-5; Art.-Nr.: 930

Wünschst du dir, deine Ideen verständlicher und auf den Punkt zu vermitteln? Du möchtest beim Arbeiten an Lösungsstrategien die Potenziale aller Teilnehmer voll ausschöpfen? Oder du möchtest bei Vorträgen oder Präsentationen Inhalte so vermitteln, dass deine Zuhörer den Informationsfluten nicht durch geistige Abwesenheit trotzen? Dann ist dieses Buch die Lösung ...

... denn ein Bild sagt mehr als tausend Worte.

Das gilt für die immer komplexer werdende Welt mehr denn je. Wer das Visualisieren beherrscht, findet schnell eine gemeinsame Ebene und einen gemeinsamen Zugang, der nicht durch Worte verdeckt ist.

Du kannst gar nicht zeichnen? Du hast kein Talent? Falsch!

Mit diesem Buch wirst du den Zeichner in dir entdecken. Nutze die Visualisierung, um nachhaltiger zu erklären, und als ganz neue Ressourcen bei der Ideenentwicklung. Der Cartoonpreisträger und Visualisierungsexperte Malte von Tiesenhausen inspiriert dich in diesem Buch, selbst den Stift in die Hand zu nehmen und ihn nicht wieder loszulassen. In unterhaltsamer und aufgelockerter Art und Weise stellt er Methoden und Techniken vor, wie du selbst die Kraft der Bilder nutzt und deinen Fokus auf die Welt erweiterst.

Schlau statt perfekt

Stefan Fourier
Schlau statt perfekt
Wie Sie der Perfektionismusfalle entgehen und
mit weniger Aufwand mehr erreichen
208 Seiten; 2015; 19,80 Euro
ISBN 978-3-86980-328-9; Art-Nr.: 983

Überforderung im Job und im Privatleben ist allgegenwärtig und eines der drängendsten Probleme unserer Zeit. Es gibt immer Menschen, die diesem Druck mit Leichtigkeit standhalten. Was ist das Geheimnis dieser Menschen? Ganz einfach: Sie vermeiden Perfektionismus und folgen der 80-Prozent-Regel. Sie schaffen mit 80 Prozent ihrer Ressourcen 100 Prozent Leistung und mehr.

Dr. Stefan Fourier liefert in seinem neuen Buch Denkanstöße, wie Sie mit der 80-Prozent-Regel erfolgreich Ihr Lebens- und Arbeitsumfeld gestalten. Der Schlüssel besteht darin, die Funktionsweisen Ihres sozialen Umfelds genauer zu verstehen und deren Möglichkeiten effektiver zu nutzen. So werden Sie immer besser. Nicht perfekt, aber immer besser!

Der Autor weiß aus eigenem Erleben, wovon er spricht und untermauert seine originellen Vorschläge mit zahlreichen Beispielen und konkreten Handlungsanleitungen. Er bricht mit Klischees und bietet interessante und pragmatische Alternativen. Schlau statt perfekt!

Agile Unternehmen

Valentin Nowotny
Agile Unternehmen
Nur was sich bewegt, kann sich verbessern

396 Seiten; 2016; 29,80 Euro
ISBN 978-3-86980-330-2; Art-Nr.: 983

Dauerhaft werden nur agile Unternehmen erfolgreich sein – Unternehmen, die fokussiert, schnell und flexibel neue Geschäftsfelder entdecken und entwickeln und bereit sind, traditionelle Kontexte zu verlassen. Doch was ist eigentlich »Agilität«? Welche Voraussetzungen müssen agile Unternehmen mitbringen? Und welche Konsequenzen hat das für Management, Führungskräfte und Mitarbeiter(innen)? Antworten darauf liefert dieses Buch.

Der Dipl.-Psychologe und langjährige Projektmanager Valentin Nowotny zeigt in seinem neuen Buch, wie Unternehmen die Kraft agilen Denkens und Handelns erfolgreich nutzen. Anschaulich und fundiert erklärt er die psychologischen Grundprinzipien agiler Methoden wie zum Beispiel Scrum, Kanban oder Design Thinking. Nowotny beschreibt die agilen Werte, Prinzipien und Rituale, die passende Unternehmenskultur sowie mögliche Wege einer Transformation unterschiedlicher Bereiche, Abteilungen und Arbeitsgruppen.

Schritt für Schritt zeigt er, wie der erforderliche Prozess gestaltet werden muss, um alle Hierarchieebenen eines Unternehmens in ein agiles System einzubinden. Reduziert auf die wesentlichen Denk- und Handlungsprinzipien agiler Systeme zeigt dieses Buch anschaulich, wie der Erfolg von zeitgemäßen, digital aufgestellten Unternehmen, zum Beispiel Apple, Facebook, Google und Spotify, für Unternehmen jeder Größenordnung und Branche versteh- und nutzbar wird.